中国重要农业文化遗产系列读本

陕西佳县
古枣园

SHANXI JIAXIAN

GUZAOYUAN

闵庆文　邵建成◎丛书主编

刘某承　闵庆文◎主编

ꙮ 中国农业出版社

图书在版编目（CIP）数据

陕西佳县古枣园 / 刘某承，闵庆文主编. -- 北京 : 中国农业
出版社，2014.10
（中国重要农业文化遗产系列读本 / 闵庆文，邵建成主编）
ISBN 978-7-109-19573-8

Ⅰ. ①陕… Ⅱ. ①刘… ②闵… Ⅲ. ①枣园－农业系统－介绍
－佳县－古代 Ⅳ. ① S665.1

中国版本图书馆CIP数据核字（2014）第226394号

中国农业出版社出版
（北京市朝阳区麦子店街18号楼）
（邮政编码 100125）
责任编辑 刘宁波 吕 睿

北京中科印刷有限公司印刷 新华书店北京发行所发行
2015年10月第1版 2015年10月北京第1次印刷

开本：710mm×1000mm 1/16 印张：10.5
字数：231千字
定价：39.00元
（凡本版图书出现印刷、装订错误，请向出版社发行部调换）

编写委员会

丛书主编：闵庆文　邵建成

主　　编：刘某承　闵庆文

副主编：武忠伟　梁　勇　张灿强

编　　委（按姓名笔画排序）：

　　　　王存富　王治斌　史媛媛　伦　飞

　　　　刘生胜　孙守洋　张　琼　张永勋

　　　　洪传春　焦雯珺　熊　英　穆国龙

丛书策划：宋　毅　刘博浩

重要农业文化遗产是沉睡农耕文明的呼唤者，是濒危多样物种的拯救者，是悠久历史文化的传承者，是可持续性农业的活态保护者。

重要农业文化遗产——源远流长

回顾历史长河，重要农业文化遗产的昨天，源远流长，星光熠熠，悠久历史积淀下来的农耕文明凝聚着祖先的智慧结晶。中国是世界农业最早的起源地之一，悠久的农业对中华民族的生存发展和文明创造产生了深远的影响，中华文明起源于农耕文明。距今1万年前的新石器时代，人们学会了种植谷物与驯养牲畜，开始农业生产，很多人类不可或缺的重要农作物起源于中国。

《诗经》中描绘了古时农业大发展，春耕夏耘秋收的农耕景象："畟畟良耜，俶载南亩。播厥百谷，实函斯活。或来瞻女，载筐及筥，其饟伊黍。其笠伊纠，其镈斯赵，以薅荼蓼。荼蓼朽止，黍稷茂止。获之挃挃，积之栗栗。其崇如墉，其比如栉。以开百室，百室盈止。"又有诗云"绿遍山原白满川，子规声里雨如烟。乡村四月闲人少，才了蚕桑又插田"。《诗经·周颂》云"载芟，春籍田而祈社稷也"，每逢春耕，天子都要率诸侯行观耕藉田礼。至此中华五千年沉淀下了悠久深厚的农耕文明。

农耕文明是我国古代农业文明的主要载体，是孕育中华文明的重要组成部分，是中华文明立足传承之根基。中华民族在长达数千年的生息发展过程中，凭借着独特而多样的自然条件和人类的勤劳与智慧，创造了种类繁多、特色明显、经济与生态价值高度统一的传统农业生产系统，不仅推动了农业的发展，保障了百姓的生计，促进了社会的进步，也由此衍生和创造了悠久灿烂的中华文明，是老祖宗留给我们的宝贵遗产。千岭万壑中鳞次栉比的梯田，烟波浩渺的古茶庄园，波光粼粼和谐共生的稻鱼系统，广袤无垠的草原游牧部落，见证着祖先吃苦耐劳和生生不息的精神，孕育着自然美、生态美、人文美、和谐美。

重要农业文化遗产——传承保护

时至今日，我国农耕文化中的许多理念、思想和对自然规律的认知，在现代生活中仍具有很强的应用价值，在农民的日常生活和农业生产中仍起着潜移默化的作用，在保护民族特色、传承文化传统中发挥着重要的基础作用。挖掘、保护、传承和利用我国重要农业文化遗产，不仅对弘扬中华农业文化，增强国民对民族文化的认同感、自豪感，以及促进农业可持续发展具有重要意义，而且把重要农业文化遗产作为丰富休闲农业的历史文化资源和景观资源加以开发利用，能够增强产业发展后劲，带动遗产地农民就业增收，实现在利用中传承和保护。

习近平总书记曾在中央农村工作会议上指出，"农耕文化是我国农业的宝贵财富，是中华文化的重要组成部分，不仅不能丢，而且要不断发扬光大"。2015年，中央一号文件指出要"积极开发农业多种功能，挖掘乡村生态休闲、旅游观光、文化教育价值。扶持建设一批具有历史、地域、民族特点的特色景观旅游村镇，打造形式多样、特色鲜明的乡村旅游休闲产品"。2015政府工作报告提出"文化是民族的精神命脉和创造源泉。要践行社会主义核心价值观，弘扬中华优秀传统文化。重视文物、非物质文化遗产保护"。当前，深入贯彻中央有关决策部署，采取切实可行的措施，加快中国重要农业文化遗产的发掘、保护、传承和利用工作，是各级农业行政管理部门的一项重要职责和使命。

由于尚缺乏系统有效的保护，在经济快速发展、城镇化加快推进和现代技术应用的过程中，一些重要农业文化遗产正面临着被破坏、被遗忘、被抛弃的危险。近年来，农业部高度重视重要农业文化遗产挖掘保护工作，按照"在发掘中保护、在利用中传承"的思路，在全国部署开展了中国重要农业文化遗产发掘工作。发掘农业文化遗产的历史价值、文化和社会功能，探索传承的途径、方法，逐步形成中国重要农业文化遗产动态保护机制，努力实现文化、生态、社会和经济效益的统一，推动遗产地经济社会协调可持续发展。组建农业部全球重要农业文化遗产专家委员会，制定《中国重要农业文化遗产认定标准》《中国重要农业文化遗产申报书编写导则》和《农业文化遗产保护与发展规划编写导则》，指导有关省区市积极申报。认定了云南红河哈尼稻作梯田系统、江苏兴化垛田传统农业系统等39个中国重要农业文化遗产，其中全球重要农业文化遗产11个，数量占全球重要农业文化遗产总数的35%，目前，第三批中国重要农业文化遗产发掘工作也已启动。这些遗产包括传统稻作系统、特色农业系统、复合农业系统和传统特色果园等多种类型，具有悠久的历史渊源、独特的农业产品、丰富的生物资源、完善的知识技术体系以及较高的美学和文化价值，在活态性、适应性、复合性、战略性、多功能性和濒危性等方面具有显著特征。

重要农业文化遗产——灿烂辉煌

重要农业文化遗产有着源远流长的昨天，现今，我们致力于做好传承保护工作，相信未来将会迎来更加灿烂辉煌的明天。发掘农业文化遗产是传承弘扬中华文化的重要内容。农业文化遗产蕴含着天人合一、以人为本、取物顺时、循环利用的哲学思想，具有较高的经济、文化、生态、社会和科研价值，是中华民族的文化瑰宝。

未来工作要强调对于兼具生产功能、文化功能、生态功能等为一体的农业文化遗产的科学认识，不断完善管理办法，逐步建立"政府主导、多方参与、分级管理"的体制；强调"生产性保护"对于农业文化遗产保护的重要性，逐步建立农业文化遗产的动态保护与适应性管理机制，探索农业生态补偿、特色优质农产品开发、休闲农业与乡村旅游发展等方面的途径；深刻认识农业文化遗产保护的必要性、紧迫性、艰巨性，探索农业文化遗产保护与现代农业发展协调机制，特别要重视生态环境脆弱、民族文化丰厚、经济发展落后地区的农业文化遗产发掘、确定与保护、利用工作。各级农业行政管理部门要加大工作指导，对已经认定的中国重要农业文化遗产，督促遗产所在地按照要求树立遗产标识，按照申报时编制的保护发展规划和管理办法做好工作。要继续重点遴选重要农业文化遗产，列入中国重要农业文化遗产和全球重要农业文化遗产名录。同时要加大宣传推介，营造良好的社会环境，深挖农业文化遗产的精神内涵和精髓，并以动态保护的形式进行展示，能够向公众宣传优秀的生态哲学思想，提高大众的保护意识，带动全社会对民族文化的关注和认知，促进中华文化的传承和弘扬。

由农业部农产品加工局（乡镇企业局）指导，中国农业出版社出版的"中国重要农业文化遗产系列读本"是对我国农业文化遗产的一次系统真实的记录和生动的展示，相信丛书的出版将在我国重要文化遗产发掘保护中发挥重要意义和积极作用。未来，农耕文明的火种仍将亘古延续，和天地并存，与日月同辉，发掘和保护好祖先留下的这些宝贵财富，任重道远，我们将在这条道路上继续前行，力图为人类社会发展做出新贡献。

农业部党组成员

自人类历史文明以来，勤劳的中国人民运用自己的聪明智慧，与自然共融共存，依山而住、傍水而居，经一代代的努力和积累创造出了悠久而灿烂的中华农耕文明，成为中华传统文化的重要基础和组成部分，并曾引领世界农业文明数千年，其中所蕴含的丰富的生态哲学思想和生态农业理念，至今对于国际可持续农业的发展依然具有重要的指导意义和参考价值。

针对工业化农业所造成的农业生物多样性丧失、农业生态系统功能退化、农业生态环境质量下降、农业可持续发展能力减弱、农业文化传承受阻等问题，联合国粮农组织（FAO）于2002年在全球环境基金（GEF）等国际组织和有关国家政府的支持下，发起了"全球重要农业文化遗产（GIAHS）"项目，以发掘、保护、利用、传承世界范围内具有重要意义的，包括农业物种资源与生物多样性、传统知识和技术、农业生态与文化景观、农业可持续发展模式等在内的传统农业系统。

全球重要农业文化遗产的概念和理念甫一提出，就得到了国际社会的广泛响应和支持。截至2014年底，已有13个国家的31项传统农业系统被列入GIAHS保护名录。经过努力，在今年6月刚刚结束的联合国粮农组织大会上，已明确将GIAHS工作作为一项重要工作，并纳入常规预算支持。

中国是最早响应并积极支持该项工作的国家之一，并在全球重要农业文化遗产申报与保护、中国重要农业文化遗产发掘与保护、推进重要农业文化遗产领域的国际合作、促进遗产地居民和全社会农业文化遗产保护意识的提高、促进遗产地经济社会可持续发展和传统文化传承、人才培养与能力建设、农业文化遗产价值评估和动态保护机制与途径探索等方面取得了令世人瞩目的成绩，成为全球农业文化遗产保护的榜样，成为理论和实践高度融合的新的学科生长点、农业国际合作的特色工作、美丽乡村建设和农村生态文明建设的重要抓手。自2005年"浙江青田稻鱼共生系统"被列为首批"全球重要农业文化遗产系统"以来的10年间，我国已拥有11个全球重要农业文化遗产，居于世界各国之首；2012年开展中国重要农业文化遗产发掘与保护，2013年和2014年共有39个项目得到认定，成为最早开展国家级农业文化遗产发掘与保护的国家；重要农业文化遗产管理的体制与机制趋于完善，并初步建立了"保护优先、合理利用，整体保护、协调发展，动态保护、功能拓展，多方参与、惠益共享"的保护方针和"政府主导、分级管理、多方参与"的管理机制；从历史文化、系统功能、动态保护、发展战略等方面开展了多学科综合研究，初步形成了一支包括农业历史、农业生态、农业经济、农业政策、农业旅游、乡村发展、农业民俗以及民族学与人类学等领域专家在内的研究队伍；通过技术指导、示范带动等多种途径，有效保护了遗产地农业生物多样性与传统文化，促进了农业与农村的可持续发展，提高了农户的文化自觉性和自豪感，改善了农村生态环境，带动了休闲农业与乡村旅游的发展，提高了农民收入与农村经济发展水平，产生了良好的生态效益、社会效益和经济效益。

习近平总书记指出，农耕文化是我国农业的宝贵财富，是中华文化的重要组成部分，不仅不能丢，而且要不断发扬光大。农村是我国传统文明的发源地，乡土文化的根不能断，农村不能成为荒芜的农村、留守的农村、记忆中的故园。这是对我国农业文化遗产重要性的高度概括，也为我国农业文化遗产的保护与发展指明了方向。

　　尽管中国在农业文化遗产保护与发展上已处于世界领先地位，但比较而言仍然属于"新生事物"，仍有很多人对农业文化遗产的价值和保护重要性缺乏认识，加强科普宣传仍然有很长的路要走。在农业部农产品加工局（乡镇企业局）的支持下，中国农业出版社组织、闵庆文研究员担任丛书主编的这套"中国重要农业文化遗产系列读本"，无疑是农业文化遗产保护宣传方面的一个有益尝试。每本书均由参与遗产申报的科研人员和地方管理人员共同完成，力图以朴实的语言、图文并茂的形式，全面介绍各农业文化遗产的系统特征与价值、传统知识与技术、生态文化与景观以及保护与发展等内容，并附以地方旅游景点、特色饮食、天气条件。可以说，这套书既是读者了解我国农业文化遗产宝贵财富的参考书，同时又是一套农业文化遗产地旅游的导游书。

　　我十分乐意向大家推荐这套丛书，也期望通过这套书的出版发行，使更多的人关注和参与到农业文化遗产的保护工作中来，为我国农业文化的传承与弘扬、农业的可持续发展、美丽乡村的建设作出贡献。

　　是为序。

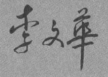

中国工程院院士

联合国粮农组织全球重要农业文化遗产指导委员会主席

农业部全球/中国重要农业文化遗产专家委员会主任委员

中国农学会农业文化遗产分会主任委员

中国科学院地理科学与资源研究所自然与文化遗产研究中心主任

2015年6月30日

前言

2002年联合国粮农组织（FAO）发起"全球重要农业文化遗产（GIAHS）"保护以来，我国作为最早参与该活动的国家之一，目前已成功申报11个保护项目，是世界上拥有GIAHS项目最多的国家。"陕西佳县古枣园"继于2013年被农业部列为首批"中国重要农业文化遗产（China-NIAHS）"之后，又于2014年4月被联合国粮农组织列入GIAHS名录。

中国是世界上最早人工栽培枣树的国家，"陕西佳县古枣园"地处枣的最早栽培中心——黄河中段晋陕峡谷西岸，是包含了枣园管理、枣树栽培、红枣加工、红枣文化和黄土高原特色景观的一个综合性系统。该系统现存有众多的酸枣和枣树品种资源以及年代最久远、面积最大的古枣园，具有丰富的生物多样性和全球重要性；在植被稀疏的黄土高原，在黄河沿岸的坡地上，古枣园在防风固沙、保持水土、涵养水源方面的生态功能意义重大；枣粮间作和枣树的庭院种植为当地群众的食物与生计安全提供了保障，民间百姓对红枣这种"救命粮"也产生了特殊的情结，对枣寄予了更多的希望；历史悠久的文化与古枣园的栽培和管理方式形成了当地特有的社会组织与文化和知识体系。这些对干旱地区以及土壤贫瘠地区农业的可持续发展和中国传统文化的复兴具有重要的启示作用，对其他地方农业文化遗产的保护有重要的借鉴作用。

本书是中国农业出版社生活文教分社策划出版的"中国重要农业文化遗产系列读本"之一，旨在为广大读者打开一扇了解佳县古枣园这一全球重要农业文化遗产的窗口，提高全社会对农业文化遗产及其价值的认识和保护意识。全书包括八个部分："引言"简要介绍了佳县古枣园的概况；"演化与传承"介绍了枣树驯化、品种选育、枣园留存的演化轨迹和文化传承；"生存与生计"介绍了该系统对当地群众在贫瘠的黄土高原上生存的作用以及现代红枣产业的腾飞；"生态与环境"介绍了该系统在贫瘠干旱的黄土高原、水土流失的黄河沿岸的重要生态与环境功能，"知识与技术"介绍了该系统所蕴含的丰富的传统农业技术与知识，"文化与创作"介绍了枣树精神、红枣文化、特殊景观与当地群众的生活乃至文化创作的关系；"保护与发展"分析了该系统目前存在的问题，并提出了解决对策；"附录"部分提供了遗产地旅游资讯、遗产保护大事记和全球/中国重要农业文化遗产名录。

　　本书是在佳县古枣园农业文化遗产申报文本、保护与发展规划的基础上，通过进一步调研而编写完成的，是集体智慧的结晶。全书由闵庆文、刘某承设计框架，闵庆文、刘某承、武忠伟、梁勇、张灿强统稿。本书编写过程中，得到了李文华院士的具体指导及佳县有关部门和领导的大力支持，在此一并表示感谢！

　　由于水平有限，难免存在不当甚至谬误之处，敬请读者批评指正。

编　者

2015年7月12日

目 录

引言

枣树是中国特有的果树。现在世界各国栽培的枣树，几乎都起源于中国，并且直接或间接地引自中国。起初，枣树先是传到与我国相邻的朝鲜、俄罗斯、阿富汗、印度、缅甸、巴基斯坦及泰国等地；随后向欧洲传播，沿着丝绸之路被带到地中海沿岸各国。20世纪50年代，前苏联曾大量引进我国枣树品种，美国也先后引进了200余个优良品种。目前枣树已遍及五大洲的40多个国家和地区。枣树良好的适应性和丰产性，枣果的独特风味和保健价值，日益引起各国果树专家和果树种植者的极大关注。

我国枣树的分布极为广泛，其范围包括北纬23°~42.5°、东经76°~124°的地理范围，除了沈阳以北的东北寒冷地区和西藏外，枣树几乎遍及全国：其分布和栽培地区的北缘从辽宁的葫芦岛、朝阳，经内蒙古的赤峰、宁城，河北的承德、张家口，沿内蒙古的呼和浩特到包头大青山的南麓，再经宁夏的灵武、中宁，甘肃河西走廊的临泽、敦煌，直到新疆的哈密、昌吉；枣树分布的最南端到广西的平南、广东的郁南等地；西缘则到新疆的喀什和泽普，而东缘为辽宁本溪以南的东部沿海各地。

陕西佳县位于黄河中下游晋陕峡谷西侧，有悠久的红枣驯化栽培历史。《中国果树志·枣卷》认为枣最早的栽培中心是黄河中下游一带，且以晋陕峡谷栽培较早，渐及河南、河北、山东等地。且目前晋陕峡谷还普遍生长着树龄数百年甚至上千年的原生的酸枣树和枣树。综合考古发现、古代文献记载和现代科学论证，可知早在7 000多年前的新石器时代，当地先民已经开始采摘、食用枣果；早在3 000多年前，当地先民开始人工栽培枣树；2 500年前，枣已成为重要的果品和常用中药；1 500年前，传统的枣树栽培技术体系已经建立起来，《诗经》《尔雅》

《史记》《神农本草》《齐民要术》《本草纲目》等古文献，对枣的生物特性、适栽地域、品种分类、繁殖方法、采收时期、开甲技术及枣园土壤管理、枣的药用价值、产品加工等作了记载和说明，其中许多技术一直沿用至今。

佳县具有悠久的枣树栽培历史。佳县地处黄河中段晋陕峡谷西岸，一般被认为是中国枣最早的栽培中心。时至今日，佳县还普遍生长着数百年甚至上千年的酸枣和枣树，栽植分散，树高低不齐，野生类型较多，管理粗放，比起冀鲁平原的枣园管理技术落后得多，是原生的栽培类型，这与文献记载也是一致的。

佳县至今保留了一片庞大的古枣群落。佳县朱家坬镇泥河沟村现存有一片中国乃至世界上最大的千年古枣群落，据考证距今已有1 400多年的历史。古枣群落占地2.4公顷，共生有各龄枣树1 100余株。其中干周在3米以上的古枣树有3株，最大一株干周为3.41米；干周在2米以上的有30株；干周在1.5米以上的有106株；干周在1米以上的有300株。

佳县显化了红枣驯化栽培的轨迹。一般认为，酸枣是枣的野生种。因千百年来经过人为的选择与保护，佳县酸枣出现了野生型、半栽培型和栽培型三个酸枣品种群共16个地方品种；同时，因其分布范围、生态条件、品种用途、栽培方式、繁殖管理办法等差别较大，现存13个枣的品种群共35个地方品种。其表现了从野生型酸枣、半栽培型酸枣、栽培型酸枣到栽培枣完整的驯化过程，不仅为中国是枣树原产地、驯化和规模化种植发源地提供了有力证据，也为未来的枣业发展保留了重要的种质资源库。

佳县古枣园蕴藏了精湛的传统知识和技艺。佳县的枣树栽培历史悠久，劳动群众在长期的生产实践中积累了丰富的经验和技术，它们不仅对枣树的生产和发展具有重要的推动作用，而且对当前枣树的科学管理具有重要的借鉴意义。这些传统知识和技术涉及枣树的繁殖、枣树的栽植、枣粮间作、枣园管理、采收和晒枣以及红枣加工和贮藏。

佳县古枣园具有重要的生态功能。枣树树干高大，树冠盖度较大，成片种植的，尤其是古枣园中的枣树，高大密郁，长势明显强于其他树种，可以起到良好的防风效果；枣树水平根向四面八方伸展的能力很强，匍匐根系较多，侧根发达，固持表层土壤的能力非常强；同时，树龄较长的天然林和人工古树林，其土壤持水能力较强。在植被稀疏的黄土高原区，在黄河沿岸的坡地上，枣树的这些生理特性在水土保持、防风固沙、涵养水源方面的功能意义重大。

佳县红枣具有显著的营养和药用价值。据《北京同仁堂志》记载，"用葭州（今佳县）大红枣，入药医百病"；康熙帝也以圣旨把佳县千年油枣确定为贡品。2011年山东大学药学院从千年红枣的活性成分及药理作用分析，认为千年枣营养丰富，内含多糖碳链明显长于其他任何品种枣的糖碳链，具有独特的药用价值。

因此，2001年5月佳县被国家林业总局授予"中国红枣名乡"称号，2006年12月被国家标准化管理委员会授予"红枣生产国家农业标准化示范区"的称号，2009年又获得国家农业部核发的农产品地理标志登记证书，同时获"中国百县（市）优势特色有机红枣种植基地"的殊荣。此外，佳县红枣于2003年8月获得绿色食品认证，2005年10月获得北京华夏五岳国内有机食品认证，2006年9月获得日本农林水产省JAS认证。红枣产业已成为佳县的一项主导产业，是枣区农民脱贫致富的支柱产业。

然而，随着时间的流逝，佳县古枣园正遭受着岁月的侵袭和人为的破坏，传统的红枣文化、民俗也面临着失传的危险。随着当前中国社会经济的快速发展，当地群众追求快速脱贫致富的需求与古枣园效益增收相对缓慢的矛盾成为当地经济发展的基本矛盾。首先，当地古枣园较多，但年代久远的珍贵酸枣树和枣树缺乏较好的保护，同时古枣园管理粗放，面临挂果率低、品质差、商品率低，经济效益欠佳的问题；其次，对红枣的科技投入少，新建红枣基地的病虫害防治还离不开化学农药，枣树追肥还离不开无机化肥，这些都严重制约着有机红枣基地的建设；最后，红枣产业在发展上缺乏品牌化，没有先进的加工生产线，没有组建大型龙头企业，没有专业化的市场营销，缺乏建设资金。

有鉴于此，2012年佳县人民政府决定以申报农业文化遗产为契机，制定佳县古枣园系统保护与发展规划以及管理措施，希望通过动态保护、适应性管理和可持续利用，保护古枣园，传承枣文化，使古枣园系统在涅盘中重生，促进当地的可持续发展。可喜的是，2013年，佳县古枣园入选我国第一批"中国重要农业文

化遗产（China-NIAHS）"；2014年，又入选联合国粮农组织"全球重要农业文化遗产（GIAHS）"。我们相信，系统开展佳县古枣园系统的动态保护、适应性管理和可持续利用，不仅可以保护当地的古枣树，保留重要的种质资源，更好地保护当地的自然生态环境，维护黄土高原及黄河下游地区的生态安全，同时可以提高佳县红枣的知名度，促进红枣产业的合理有序发展，进而带动佳县社会经济发展，实现人与自然和谐，推进生态文明建设。

演化与传承

枣是原产于中国的特有果树。关于中国枣最早的栽培中心，《中国果树志·枣卷》认为是在黄河中下游一带，且以晋陕峡谷栽培较早，渐及河南、河北、山东等地。

在古文献中，《诗经》（公元前10世纪）是最早记载枣树栽培的史书，在《诗经·豳风篇》中有"八月剥枣，十月获稻"的诗句。在《周礼·天官》中记载有"馈食之笾，其实枣、卤、桃、榛实"；《礼记·曲礼》上载有"妇人之挚，椇榛脯、修枣栗"。可以看出，当时枣已有一定的栽培面积，并常用做祭祀的祭品和馈赠之礼品。而且其反映的栽培地域或利用之广泛，也都说明栽培枣的中心地带与周王朝活动的中心地带相一致，足见陕、晋是枣栽培最早的地区，在这里不仅人们把酸枣驯化为枣，而且有枣的优良品种出现。

到春秋战国时期，晋陕峡谷枣树的栽培规模有了很大的发展，枣树已成为重要的粮食作物，且已成为很大的产业和国家赋税的重要来源。《战国策》上记述：苏秦曰："北有枣、栗之利，民虽不由佃作，枣栗之实，足食于民"。《三国·魏志》上记述："冀州户口最大，又有桑枣之饶，是国家征求之府。"

佳县远景

注：全书图片中，未注明拍摄或提供人者，均由佳县科技局提供。

据榆林府志记载，榆林在北魏时期属夏州，西魏时期属"宏化郡"。早在北魏、西魏时期陕北就进入栽培枣树的盛期。在佳县朱家坬乡泥河沟村发现的一批最大的古枣林，据该村老年人传说："千年松柏万年槐，不知枣树何时来。"其中有一株高8.3米，胸围3.3米，冠径13.4米，经专家考证此树距今已有1 400多年；同时，在螅镇荷叶坪村也发现了一些千年古枣，很可能就是当年的遗物和见证。

千年古枣群落

千年古酸枣树（梁勇/提供）

另一方面，晋陕峡谷枣树的栽培受到历代统治阶级的重视，他们甚至采取强制手段大力发展枣树，《魏书·食货志》（6世纪）载："太和九年下诏……初受田者，男夫一人给田二十亩，课莳余，种桑五十树，枣五株，榆三根。非桑之土，夫给一亩，依法课莳榆、枣。奴各依良。限三年种毕，不毕，夺其不毕之地。于桑榆地分杂莳余果及多种桑榆者不禁。"直到距今500多年仍沿袭此例。光绪三十一年（1905年）佳县县志记载："惟沿河一带土壤肥沃，最宜枣梨，居民种植，因以为利。"

（一） 枣树的驯化

　　一般认为，枣是由酸枣驯化而来，有以下六个理由：二者树体形态相近；果形相似；酸枣和枣之间存在许多过渡变型；生物学特性基本相同；枣和酸枣类型的染色体数及染色体核型的对称性观察，证明枣与酸枣亲缘关系相近，但枣较酸枣进化；酸枣与枣的过氧化物同工酶谱型相似，枣花粉壁穿孔较酸枣大，花粉壁厚度与酸枣无显著差异，但枣花粉萌发孔的多样性比酸枣增加了。因此，根据野生种群的地理分布就可以推断出其栽培树种的原产地。

　　酸枣，又名棘。在距今3 000多年以前的《诗经》中就有很多诗歌谈及棘。如《陈风》中有"墓门有棘，斧以斯之"的记述；辛树帜《我国果树历史的研究》一书引证："枣棘皆有刺，枣独生高而少横枝，棘侧生卑而成林，以此为别。束而

酸　枣（伦飞/提供）

相戴立生者枣也，束而相比横生者棘也，棘之字两束相并，枣之字两束相承，枣性高故而重束，棘性低故而并束，束音次，枣棘皆有刺针会意也，大曰枣，小曰棘，棘酸枣也。"

　　由此可见，早在数千年前，我国劳动人民就对枣的家族开始进行深入研究，并分辨出枣与酸枣之别。千百年来，劳动人民的辛勤培育使枣树资源不断扩大、优良品种日益增多。

（二）品种的选育

关于枣品种的选育，最早记载枣品种的是周公著的《尔雅·释木释草》（公元前6~公元前2世纪），其中记载有11个枣树品种。公元前3世纪西晋郭义恭著《广志》中记载的枣品种有18个，东晋郭璞（公元4世纪）为之加以注释，从中可以看出当时人们已注意到果实的大小、形状、色泽、品质、风味等，还注意到枣的不同成熟期、不同用途，以及产地和品种的来源。当时已有无核枣出现，称为皙、无实枣。汉代以后，枣树的栽培规模扩大，对品种的选育更进一步，新的良种不断出现。公元6世纪，北魏贾思勰在《齐民要术》中增加枣品种至45个，公元13世纪，元代柳贯著的《打枣谱》，仅据"平日所见各书所载"即搜集了73个枣品种；以后明《本草纲目》、清《农政全书》等均有枣品种的记载，而以清朝汪灏编《广群芳谱》和吴其睿著《植物名实图考》叙述枣的品种最多，达87种，而且记载也最详细。

中国古文献中记载的枣品种数

古农书	著者	出版年代（年）	记载品种数（个）	古农书	著者	出版年代（年）	记载品种数（个）
尔雅		周，公元前600	11	本草纲目	李时珍	明，公元1578	42
西京杂记	葛 洪	晋，公元300	7	农政全书	徐光启	明，公元1639	42
广志	郭义恭	晋，公元300	21	花镜	陈淏子	清，公元1688	8
齐民要术	贾思勰	后魏，公元534	45	广群芳谱	汪 灏	清，公元1708	87
本草衍义	寇宗奭	宋，公元1000	3	植物名实图考	吴其睿	清，公元1720	87
打枣谱	柳 贯	元，公元1300	73	钦定授时通考	鄂尔泰	清，公元1742	36

建国后，据1964年红枣会议和1975年西安干果会议的两次初步统计，枣已发展到400多个品种了。1983年《中国果树志·枣卷》完成审稿，确定了我国现有枣树品种749个，载入《中国果树志·枣卷》704个。2009年出版的《中国枣树种质资源》一书指出，迄今已经发现和记载的枣树品种和优良类型近1 000个。

在长期的培育和栽培中，人们为突出表现其性状、品种、产地，往往以不同形式予以命名。为便于区别，常有：1. 以原产地命名，如河北沧州金丝小枣、赞皇大枣、义乌大枣、大荔龙枣、乐陵小枣、阜平大枣、广洋枣、灵宝大枣、西峰山小枣、南京枣等；2. 以果实大小命名，如大致枣、大小枣、大园枣、小米枣等；3. 以枣果形状命名，如三变丑枣、三棱枣、锭杆枣、马牙枣、牛心枣、鸡蛋枣、葫芦枣、辣椒枣、扁柿枣、羊角枣、茶壶枣、蚂蛉枣、尖枣、细腰枣等；4. 以风味口感命名，如冰糖枣、到口酥枣、美蜜枣、香枣、甜子枣、木枣、糖枣、金丝蜜枣、肉兜子枣等；5. 以成熟期命名，如六月鲜、早脆王、八月红、九月青、冬枣、晚枣、十月寒、双季枣、两茬枣等；6. 以枣核特征命名的如无核枣、无核红、扁核枣、软核枣、粘核枣、细核枣、扁核酸枣等；7. 以树冠、树枝特征命名，如龙枣、大叶圆枣、无针小枣、垂枝小枣、长吊铃枣、龙须枣等。由此可知，枣家族相当庞大，枣的类型也相当多，枣族文化内涵更是相当的丰富。

（三）枣园的留存

佳县位于黄河中段晋陕峡谷西侧，是我国重要的红枣起源、演化地。佳县泥河沟村位于佳县城北20公里的黄河西岸与车会沟的交汇处，东经110°29′30″，北纬38°11′12″，现存有一片中国乃至世界最大的千年古枣群落，据考证，其距今已有1 400多年的历史。在2014年4月28日至29日联合国粮农组织在意大利罗马召开的全球重要农业文化遗产（GIAHS）指导委员会和专家委员会会议上，佳县古枣园正式被联合国粮农组织认定为"全球重要农业文化遗产"。

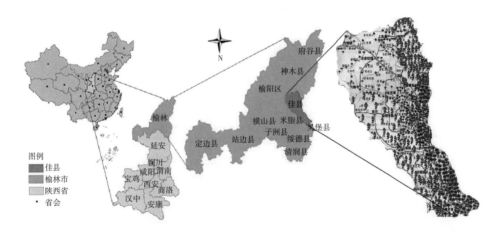

佳县区位及其红枣分布（刘某承/提供）

佳县古枣园占地36亩*，共生有各龄枣树1 100余株。其中干周在3米以上的古枣树有3株，最大一株干周为3.41米；干周在2米以上的有30株；干周在1.5米以上的有106株；干周在1米以上的有300株。

---

* 亩为非法定计量单位，1亩≈667平方米。

佳县古枣园（武忠伟/提供）

佳县古枣园中，树体保护较完好的有43株，占调查株数的29%；树体裂、空、腐、死的共有106株，占调查株数的71%。其中，干腐60株，中空29株，死亡一半的有2株，主杆更新的有2株。

古枣树之主干（武忠伟/提供）

佳县古枣园中枣树群的营养生长衰退严重。枣头生长势弱，年平均生长量20厘米左右。枣股普遍老衰，7年生以上枣股占70%以上。此外，古枣群落的枣树产量下降、果实变小。

古枣树之主干（武忠伟/提供）

《《佳县千年"枣树王"的故事》》

千年"枣树王"生长在佳县朱家坬镇泥河沟村。这里是晋陕黄河峡谷红枣的优生地，号称"天下红枣第一村"。

提起千年"枣树王"，更有一个美妙的传说：明朝万历年间，佳州瘟疫流行，死者甚众。白云山道教始祖李玉凤真人，见百姓遭如此大难，痛心疾首，欲施术救治，眼前却缺乏良方妙药。李真人思谋良久，准备到山西盘石山采些仙果配药救人。当他走到佳州城下的黄河桃花渡口，突然暴雨倾盆，黄河水猛涨，船只无法摆渡。李真人只好日夜兼程，顺河而上，走了20多千米路程，已是第二天太阳出山，真人顿觉眼前豁然开朗，抬头四望，见一道河湾里晨光明媚，绿树成荫，不时飘来阵阵枣香。真人朝河湾而入，看到绿林中有一村庄，炊烟袅袅，田里劳作的百姓扬眉吐气，全然不像下游瘟疫侵蚀之地。真人问："此乃何方？"百姓答道："驹会拧合沟。"话音刚落，一股清风扑面而来，真人仿佛觉得自己已经到了山西盘石山，所要采的仙果也就在眼前。真人拱手闭目祈祷后，忽然看见五条褐色长龙拧合成柱，腾空而起。瞬间，仙果像冰雹般从龙口中喷撒而出，落在地上。真人随即拾起数粒，仔细辨认，此果正是佳州城隍庙里见过的贡品——大红油枣。五条褐色长龙原来是一株拧合生长数百年的"枣树王"。

玉凤真人喜出望外，带着仙枣不知不觉就赶回了白云观。真人在白云洞前燃起炉火，将仙枣置于大瓦罐中配药煎熬，众患者蜂拥而至，饮此汤一口，当日病即痊愈。没过数日，佳州瘟疫就全然灭绝。

当地官员将佳州仙枣配药降伏瘟疫之事，禀报延安府，又启奏皇帝。皇帝尤为震惊，随即褒奖了佳州，并下令北京同仁堂每年从佳州拧合沟调集一些优质红枣，作为皇室之药品与营养滋补品使用。因此，北京《同仁堂志》中留下"葭州大红枣，入药医百病"的记载。此时，佳州知州感到脸上有光，就下令黄河沿岸各村寨开始大力栽植枣树。佳州红枣就是在这一时期得到迅速发展的。

时至今日，几百年过去了，当时因"枣树王"似五条褐色长龙拧合成柱而叫"拧合沟"的村庄，也不知何因更名为"泥河沟"了，但"枣树王"仍生机勃勃，繁茂不减当年。就在泥河沟村"枣树王"的周围，仅次于它的近千年枣树还有10余株，它们也根深叶茂、果实累累，形成一个绮丽多姿的古树园。近年来，随着改革开放和佳县红枣产业的发展，来枣乡领略红枣风情的人逐渐增多。

（庄怀厚　搜集整理）

（四）演化的轨迹

佳县古枣园中的枣属植物有两种：枣（*Zizyphus jujube Mill*）和酸枣（*Zizyphus spinosus Hu*），包括3个酸枣品种群共16个地方品种以及13个枣的品种群共35个地方品种，表现了完整的从野生型酸枣、半栽培型酸枣、栽培型酸枣到栽培枣的驯化过程，这充分证明了中国是枣树的原产地，最早开展枣树人工驯化和规模化种植，而且也为我国枣产业的发展保存了重要的种质资源。

佳县枣品种多样性

种	品种群	品种 品种类型	数目
酸枣	栽培型酸枣	酸甜枣、团酸枣	2
	半栽培型酸枣	团酸枣、野酸枣、大团酸枣、小团酸枣、小酸枣、酸枣、大酸枣、弓形酸枣、弧形酸枣、倒卵形酸枣	10
	野生型酸枣	圆酸枣、酸枣、酸酸枣、小核酸枣	4
枣	木枣	方形枣、长形枣、锥形枣、油枣、黑油枣、细腰腰枣、软核枣、驴奶头枣	8
	团枣	团枣、绵团枣、沙团枣、扁圆形团枣、酸团枣、醋枣、酸团枣	7
	牙枣	大牙枣、小牙枣、磙子形牙枣、狗牙枣、卵形牙枣	5
	脆枣	脆枣	1
	赞皇枣	赞皇枣	1
	壶瓶枣	壶瓶枣	1
	骏枣	骏枣	1
	梨枣	梨枣	1
	圆铃枣	圆铃枣	1
	白枣	卵形白枣	1
	短枝型枣	短枝枣、九月红枣、钩钩枣、锥枣	4
	益痕枣	磨脐脐枣、磨磨枣、坛翁翁枣	3
	缝合枣	缝合枣	1

❶ 酸枣

酸枣在晋陕峡谷大量分布，虽遭乱砍滥伐，难以形成乔木，却在许多荒山秃岭上形成了茂密的灌木丛，至今仍有几百年甚至上千年树龄的酸枣树存活。

酸枣的抗旱性、抗寒性都远远超过枣树，其分布范围遍及陕北黄土丘陵沟壑区、土石山区、河源区及长城内外的沙盖黄土沟壑区。当地酸枣品种资源比枣品种资源更为丰富，随着人们对生态条件的保护，形成了灌丛型、小乔木型、栽培园地型三种类型；又因千百年来的人为的选择与保护，出现了野生型、半栽培型和栽培型三个酸枣品种群，共16个地方品种。

（1）野生型酸枣品种群　野生型酸枣品种比较复杂而且繁多，分布范围广泛。由于经常受到人们砍樵、放牧等的破坏，并且缺少人工管理措施，大多残存于窑畔、崖畔等人畜不便于毁坏的地方，没能保留下来一块天然野生的酸枣林地。现存圆形、椭圆形4个品种。

野生型酸枣

（2）半栽培型酸枣品种群　有些酸枣单株因为果形大、肉厚、味甜而被当地居民选择和保存下来，进行了一定的栽培管理，就地培养成小乔木，年年采收果实，作为家庭收入来源。该品种群都生长在枣园和四周便于管理的地方。现存10个品种，分为长圆形、圆形、秤锤形、磙子形、卵形、倒卵形六个果形。

半栽培型酸枣

（3）栽培型酸枣品种群　佳县现存1株人工繁殖的酸枣树和1块人工栽培酸枣园地，因其脱离了天然根蘖繁殖和酸枣核自然落地出苗的状态，故被命名为栽培型酸枣品种群，有酸甜枣、团酸枣两个品种。

栽培型酸枣

❷ 枣

佳县现存13个枣的品种群，包括木枣、团枣、牙枣、脆枣、赞皇枣、壶瓶枣、骏枣、梨枣、圆铃枣、白枣、短枝型、益痕枣、缝合枣等，其品种类型共有35个。下面将其中主要的8个品种群作一简要介绍。

各种品种的枣（武忠伟/提供）

（1）木枣品种群　又称河畔枣，主要用途为晒制干枣，也可鲜食或加工。其因果实肉质坚硬、汁液少而被称为木枣。该品种群是我国枣树中栽培历史最古老的地方品种。据标准树调查资料分析，该品种群为黄河、无定河、秃尾河、窟野河红枣产区的主栽品种，其面积和株数约占全区红枣总面积、总株数的98%，主要用途是晾晒成干枣。其又

油　枣（武忠伟/提供）

因果形、口味、结果习性等特点不同，分为方形枣、长形枣、锥形枣、油枣、黑油枣、细腰腰枣、软核枣、驴奶头枣等8个品种，其中99%的植株都是方形枣、长形枣、锥形枣。有些地方、有些老农又把油性较大（糖分高、肉质细、拉糖丝）的方枣、长枣、锥枣称为油枣，说明油枣是木枣中品质最佳的植株。人们还把果肉变黑的细腰腰枣称黑腰腰枣，观察证明，黑腰腰枣是木枣树上极其个别的果实，核内多含种仁，且多系双仁枣，并非单独品种，但仍说法不一。

（2）团枣品种群　团枣也称圆枣，主要用途是鲜食，亦可加工成醉枣（酒枣）、蜜枣、枣茶、干枣。团枣品种群也是我国枣树中比较古老的地方品种。该品种群在境内零星分布或被成片栽培，且在城市郊区分布较多。团枣品种群的面积、株数，约占全县总面积、总株数的1%。根据果形、口味、肉质特点上的不同，佳县境内的团枣可分为7个品种。

（3）牙枣品种群　主要用途是供城乡人民鲜食，剩余部分做醉枣、晒干枣。因果形似牙齿而称牙枣，个别地方又称瑕（音）枣。该品种群在城郊、水旱码头

栽植较多，未发现有成片栽培的牙枣园地。其栽培的面积、株数，约占全县总面积、总株数的0.5%。根据果形大小不一、品质各异，在佳县境内的牙枣可分为5个品种。

（4）脆枣品种群　本品种群又称脆脆枣、牛奶脆枣。由于成熟早、肉质酥脆、口味甜、水分多，故专供人们鲜食；又因产量太少，故没有用其做醉枣和制干的。该品种群零星栽植在佳县沿黄河地区。脆枣果实为长圆形，果皮薄，果肉为绿白色，肉厚、松软、汁液中多，味甜、无异味、品质上，适于鲜食；果核不含种仁。该品种品质好，上市早，但阴雨天易裂果。

（5）白枣品种群　又称柴枣。该种群因开花、落花过多，结果稀少，品质差，渐被各地淘汰，但沿黄河枣区及子洲、横山川道地区，都有零星栽植，面积、株数相当稀少。白枣果实为卵形，果肉白绿色，肉薄、松软、质粗、汁液少，味甜、无异味、品质下等，鲜食、制干均非优良品种；果核不含种仁。该品种自然落花、落果多，不丰产，不易裂果。

（6）短枝型品种群　又称九月红枣、钩钩枣、锥枣。佳县有30多株短枝型枣树。该品种群的主要特点是物候期比木枣还迟半个月，无裂果现象，节间短，枣股发达而寿命长，抽生枣吊多结果，习性较好，果形卵圆或锥把形，品质上等，适于鲜食。有短枝枣、九月红、钩钩枣、锥枣四个品种。

（7）益痕枣品种群　佳县现存3株益痕枣，2株叫磨脐脐枣，1株叫坛翁翁枣，果实形状都是乳头形，分为3个品种。调查过程中也发现数株中间类型树，其部分枝条上的果实已经变为乳头形，而部分枝条上的果实尚未变形，仍是木枣中的方形枣。这证明磨脐脐枣是由木枣变异而产生的变种。这种枣果形奇异好看，颇受枣农喜爱，专门用来做成醉枣以备待客。

（8）缝合枣品种群　是1982年新发现的一株变种，果形小而圆，部分果实一侧留有缝合线，着色比木枣稍早，但其他性状与木枣相似。为了区别于木枣，暂名为缝合枣。该品种枣树树姿开张，树冠为乱头形，持续结果年龄长；果实为圆形，果皮薄，果肉白绿色，肉中厚、松软、质粗、汁液中多，味甜、无异味，品质中等，宜于鲜食；个别果核含有种仁。着色期遇阴雨时有裂果现象。

(五) 文化的传承

　　自有人类以来，枣与人便结下不解之缘。人类以枣果腹，以枣强身，以枣治病，以枣抒情，以枣改善生存环境，以枣发展经济走向富裕之路。人们吃枣、用枣、种枣、了解枣、研究枣，已形成了深厚的枣文化。

　　儒家经典对枣文化的记述也十分详尽。《黄帝内经》中提到"五果：枣干、李酸、栗咸、杏苦、桃辛"，表明早在东周时期，枣就

佳县红枣

已经是当时人们生活中重要的果品和中草药。《周·天官·笾》记载："馈食之笾，其实枣、卤、桃、榛实。"意思是：给王进食的竹器笾中，装的果品有枣、栗、桃、干梅。根据《仪·聘》记载，枣栗还是古代诸侯相互借路、相互问候之际，带给掌管朝觐官员的礼物。人们用两个容量为一斗二升、边有盖的方竹篚，一个装满枣，一个装满栗，一齐献。《仪·既夕》记载，在土葬前最后一次哭吊的夜晚，祭品要有枣糗、栗脯。《仪·特牲馈食》和《仪·有司》记载，诸侯及士，每月一祭庙，祭品种除规定的牲畜，均有枣和栗，而且枣栗由谁摆放都有讲究。

《《枣文化底蕴深　从灾年救命粮到婚庆吉祥物》》

　　枣树极强的适应性，表现在无论何种瘠薄的土壤，无论多么恶劣的气候，在种植其他作物产量无几时，栽种枣树却能有较好的收成。自古至今，我国农民，特别是身处生态条件恶劣的山地、坡地、沙地、干旱地区、寒冷地区的农民都重视枣树的发展，并把枣视为珍贵的食品，在食物结构中占有一定的位置。

古代的帝王们则把枣作为富国强民的工具。春秋战国时期，枣已被作为重要的木本粮食而受到重视。《史记·货殖列传》中有"安邑（今山西运城地区）千树枣……其人与千户侯等"的记载。《齐民要术》记载"旱涝之地不任稼者，种枣则任矣。"

对枣树的栽培，是与当地的文化和历史进展分不开的。《茌平县志》记载：晋文公重耳登基前，曾在茌平县避难躲身，他不思饮食，日渐消瘦。众乡亲便把收获的博陵大枣赠与重耳品尝，没想到重耳食后胃口大开，身体也日渐好转。重耳始终忘不了博陵大枣的香甜，并向大臣推荐"此为救命枣""日食博陵枣，终生不见老"，从此以后，老人、病人、妇女坐月子必食该枣，博陵大枣在皇宫、在民间均流传开了，每年要进贡朝廷。

大灾之年，枣也确实挽救了无数人的生命。以山西吕梁地区的柳林县为例，该县1924年2~8月，整整半年没有下雨，农作物收获时颗粒全无，但大旱之年红枣却获得了丰收，农民用红枣度过了灾年。

枣是滋补食品，民间早有"五谷加红枣，胜似灵芝草"之说。

在传统食品中，枣粽子、枣年糕等各种糕点，各具风味。枣还可加工制成蜜枣、醉枣、枣罐头等食品，并可配制枣醋、枣汁、枣酒、枣茶等饮料，或制成枣泥、红枣香精等香料和加工食品的配料。

枣在中国人的生活中占有特殊地位。勤劳的中国人，培育了一批批各地名枣，如北京的密云小枣、河北的赞皇大枣、山东的乐陵小枣、陕西的大荔龙枣、浙江的义乌大枣等。

在中国人心目中，枣又象征着吉祥与幸福，是礼仪庆典上的必备之物。最常见的习俗便是婚礼上关于"早立子"的祈福，一般是由德高望重的老人，在新婚夫妇的床头被角放上几颗枣和栗子，取其谐音"早立子"，以求早生贵子、多子多福。旧时在县衙的院子厅堂前，常栽枣树四棵，寓意"日日早起，勤政恤民"。枣子花小，色浅，却能长出艳丽的果实。皇上以"枣"的这一特性劝慰官吏："莫嫌位卑，早起勤政，必有硕果。"

（张铁强）

佳县古枣园是当地世居农户在漫长的历史进程中融会自然与文化的生态-文化复合体，与人的社会文化生活密切相关，衍生出与红枣相关的物质文化、风俗习惯、行为方式、饮食文化、历史记忆等文化特质。这些文化特质又渗透到当地的传统生产、知识传授、节庆、人生礼仪等重大社会、个人的文化行为中，不仅是一地之宝、一国之盛，更是全世界的遗产、全人类的瑰宝。

农家枣宴

① 佳县红枣食俗

佳县红枣有圆枣（团枣）、长枣（马牙枣、狗牙枣、木枣）等品种。枣肉厚味甜核小，既是佳美干、湿果品，又是上好的滋补品、药品。当地群众将对枣的食用及利用发挥到了极致，发展了种类丰富的传统枣食品。枣糕、枣糕角、枣馅黄馍、枣馃馅、枣角子、枣饼

枣制食品（刘某承/提供）

子、枣粽子、枣豆沙包子、枣焖饭、枣炒面、枣稀饭等节日食品或家常饭食都十分香甜。接待贵宾时，当地人用一杯开水泡上五颗大红枣儿，寓意为"五子早登科"，也很有趣。红枣在当地的食俗中扮演了重要角色。

② 佳县红枣民俗

佳县盛产红枣，全县各处都栽有枣树。初夏，枣花淡淡飘香，蜂蝶萦绕；秋季，枣红枝头，艳若玛瑙。人们爱吃枣，很多习俗都与红枣相关。尤其是人们对枣寄予了一种希望，并把它和喜庆联结在一起，祝福、祝寿、贺年、贺喜的食品中必有红枣。

枣绿荒山（佳县旅游局/提供）　　　　枣艳大地（佳县旅游局/提供）

八月十五中秋节祭月时，祭品除饼、西瓜、苹果外，必须有红枣。鲜枣是时令果品之一，甜甜脆脆。收枣时，农家无论再忙，也要醉一坛酒枣。人们选个大、熟透、整齐的枣儿，置酒碗内过一遍，随即入坛密封，置阴凉处存放。过年时开坛，酒香沁人。那醉枣鲜亮发光，咬一颗，脆脆凉凉香香甜甜，是春节待客佳品。儿歌唱："过年客来吃什么？瓜子醉枣油炸炸。"

腊月二十三送灶神之日还要蒸枣山。所谓枣山，就是将白面卷成圈，加上枣，垒成山状，蒸熟，然后敬献灶神。这种枣山要到正月二十三过后，才可以食用。枣山既是食品，又是艺术品，正月里来拜年的人，都要欣赏主妇的绝妙艺术。

除夕吃团圆饭时，娃娃、大人都要吃一个枣面兔，叫"跳兔兔"，祝福新的一年全家人无病无灾。

大年正月初一，乡间讲究给幼童新衣肩头缀上枣牌牌。此俗意在避邪，保佑小娃娃平安多福。同时，长辈们还会在孩子们的脖颈上佩带着枣项链，衣兜里装上枣，希望孩子早日长大成人，日子甜甜蜜蜜、步步高升。

过年蒸花花（一种面食）时，也常用红枣切丁儿点缀。清明节时人们用面粉蒸成雀雀、燕燕后，与红枣间隔穿串，送亲戚小娃儿；或用燕燕、红枣插在枣刺枝头，表示福气，叫"圪针燕"（圪针即酸枣刺）。

佳县风俗——枣串串
（刘某承/提供）

枣儿色红味甜，其发声又与"早"谐音，因此常常用于标志吉利。修建石窑合龙口时，匠师要撒五谷，其中包括红枣。红枣是代表喜庆良缘的吉祥之物。青年男女订亲，送彩礼时必带红枣大馍；新婚之日，母亲要在洞房炕头四角炕单下压红枣、核桃，这叫"压四角"，盼媳妇"早生贵子"。花烛之夜，新郎新娘要抢吃红枣；婚宴上要吃枣糕，表示红天火地喜庆良缘。回门时新郎要给岳父家带离母糕，这离母糕的回边和中心也都要镶嵌五颗红枣。

佳县风俗——圪针燕
（武忠伟/提供）

《《"枣"生贵子的由来》》

民间传说，在一个荒无人烟的地方，有一年不知从哪里来了一对夫妻。这对夫妻来的时候男的拿着一袋花生，女的抱着几棵红枣树苗。他们就在这里种上了红枣树，并且在红枣树下种上了花生，他们边种边唱着歌："花生果儿圆又圆，小红枣儿甜又甜。秋后花生一串串，七月十五枣红圈。桃树三年杏四年，枣树当年就生钱……"

没多久一场雨过后，枣树发了芽，花生也发了芽，渐渐的这里就搬来了几户人家，他们和这对夫妻学习了种植红枣树。就这样，荒无人烟的地方变得绿树丛生、环境优美、热闹了起来。又过了几年，这对夫妻的孩子要结婚了，在大喜的那天，一对白发夫妻送来了一份特别的礼物——红枣木箱子。有人好奇地问道："里面是什么东西啊？"这对老人相互看了对方一眼，笑眯眯地说道："等到洞房时，打开一看便知。"

到了晚上，人们来闹洞房了，大家都好奇地说："快打开红枣木箱看看是什么东西。"这对新人打开一看，原来里面放着红枣和花生，中间放着两双红枣木制的筷子。人们一看都明白了，这是要新郎新娘夹起红枣和花生给对方吃。大家齐声喊道："枣生贵子！"到了来年春天，新娘果不其然生了一对双胞胎。

从此，当地的老百姓家只要有结婚的，就在新房内放上红枣和花生，这个习俗就这样一直流传至今，并且越流传的地方也越来越多。

（佚名）

红枣是老年人的补品。中医记载：红枣可养血、养颜、益寿。民间有俗语云："人老一日吃三枣，永葆青春不显老。"秋冬季节，老年人经常煮红枣吃，能和脾胃、祛风寒、补心血、治痨损。给老人庆寿要特意蒸一个大寿枣馍，以示庆贺。

这里的"婆姨"（妻子）给出门在外做生意的男人捎双自己亲手做的新布鞋，也会在鞋内塞上一把红枣，盼丈夫平安早回。

❸ 佳县红枣礼俗

在交际场合，红枣常常成为"早早""热烈""赤诚"等情思的载体。在佳县，亲朋好友临门，主人首先把最好的大红枣捧给客人品尝；佳县人走亲访友时，红枣是上等礼品。富贵人家待上宾时，茶碗内泡五颗红枣，寓意"五子登科"。

佳县红枣产品

老年人去世，亲戚吊唁要送"老献的"（大面卷），面卷两头盘回，插上红枣，既表哀悼，又祝逝者早度轮回、再转人世。农村妇女给孩子叫魂时，也预先带几颗红枣，归来时让孩子吃，也是图个吉祥如意。

除上述外，枣农家的巧媳妇还用红枣制作各种形状的工艺品，有枣串串、枣篮篮、枣牌牌、枣筐筐、枣塔塔等，精巧玲珑，创意不凡。逢年过节将它们摆放在室内或挂在墙上，更增添节日气氛。

❹ 佳县红枣风俗

千百年来，红枣在佳县及陕北人民的民俗中已经烙下了深深的印迹，那里片片枣林，家家种枣，以至于在当地留下了不少以枣命名的村庄，如枣山里、枣坪、枣咀河、枣赫沟、枣林坪、枣庄沟、枣树塔、枣圪垯等，给孩子命名也有叫枣儿的。

春节时,群众有出行的习俗。出行就是按某一方位到山上祭拜山神土地,回来时,人们要折一枝枣枝,盼早日发财。腊八日,人们给枣树涂上腊八粥,盼望来年枣儿稠。近年来,佳县各地大力发展枣林,不少农民靠枣儿致富。红枣是佳县农家的宝贝,它哺育了世世代代的庄稼汉,也丰富了佳县的黄土文化。

天下红枣第一村(佳县旅游局/提供)

二

生存与生计

佳县古枣园是当地先民适应黄土高原贫瘠自然环境的必然选择。佳县地处黄土高原，立地条件差，干旱少雨，土壤贫瘠，特别是长期的水土流失造成了当地土壤环境的退化，给人民群众的农业生产和生活带来极大的不便。而枣树耐瘠薄，生命力极强，在年降水量200~800毫米的地方都能生长，可以适应黄土

黄土高原贫瘠的自然环境

高原的立地条件，堪称"铁杆庄稼""木本粮食"，这也体现了人类适应恶劣的自然环境的能力。巧合的是，佳县的水、热、温度和光照条件又恰好可以满足枣树在不同生长发育阶段的要求，得益于这个地方的自然条件，这里的红枣品质很好。

枣树适应在黄土高原生长（佳县林业局/提供）

木本粮食——红枣丰收
（佳县林业局/提供）

佳县人民的"红蛋蛋"
（佳县林业局/提供）

红枣生产标准化示范基地
（佳县林业局/提供）

佳县十年九旱，粮食往往歉收，而枣树却是耐旱作物，年年挂果、岁岁丰产。历史上，枣一直是百姓的"救命粮"。"铁杆庄稼""保命树""只要树上有枣就饿不死人"……都是佳县人民对红枣和枣树的诠释。佳县群众对红枣有着特殊的情结，在佳县有一句口头禅："金蛋蛋、银蛋蛋，不如咱的红蛋蛋"。这"红蛋蛋"说的就是红枣。

如今，得益于丰富的种质资源和悠久的文化传承，佳县红枣产业的发展已经插上腾飞的翅膀。2001年5月佳县被国家林业总局授予"中国红枣名乡"称号，2006年12月被国家标准化管理委员会授予"红枣生产国家农业标准化示范区"的称号，2009年又获得国家农业部核发的农产品地理标志登记证书，同时获"中国百县（市）优势特色有机红枣种植基地"的殊荣。佳县红枣于2003年8月获得绿色食品认证，2005年10月获得北京华夏五岳国内有机食品认证，2006年9月获得日本农林水产省JAS认证。红枣产业已成为佳县的一项主导产业，是枣区农民脱贫致富的支柱产业。

（一） 生存：木本粮食

　　枣树的适应性和抗性均很强，适栽区域广泛，被称为"铁杆庄稼"。枣树的抗旱性尤为突出，不仅耐旱，而且能在干旱条件下正常生长结果。如1986年河北太行山枣区和1997~2001年晋陕黄土高原枣区持续高温干旱，秋季作物几乎绝收，核桃、柿树等出现焦梢并严重减产，而枣树仍获得丰收。此外，枣树耐碱、耐贫瘠和抗风沙能力强，适合河北太行山区、晋陕黄河谷枣区这样的典型旱薄区。

干旱时仍获丰收的红枣

《《"救命粮"红枣》》

　　在佳县有这样一个传说：在很久以前，一场滔天洪水淹没了整个佳县，人们遭受到灭顶之灾。只有一个背着一袋红枣的穷人和一个抱着一袋银子的财主分别爬上两棵大树躲过了洪水。保住性命的财主在树上远远看见穷人只拿了一袋红枣，便故意拿出银子敲得叮当作响，幸灾乐祸地嘲笑穷人除了一袋红枣便一无所有。一天又一天过去，洪水一直不退，穷人饿了就拿红枣充饥，财主抱着一袋银子却毫无办法，最后饿得头重脚轻，掉进了洪水里。据说，现在的清涧人就是那个幸存穷人的后代。这一则传说，可以印证佳县人历来把红枣看作是自己的"救命粮"。事实上，在过去发生灾荒后粮食

严重短缺的年月里，被称为"铁杆庄稼"的红枣曾经帮助无数佳县人度过饥馑，这正是佳县人对红枣有着难以割舍的深厚感情的原因。

（佚名）

千百年来，枣树作为"救命粮"，在粮食减产的年份挽救了众多枣区民众，枣区群众也对红枣形成了特色的情结，将对枣的利用和加工发挥到了极致。这里有许多红枣方面的食俗，比如人们用红枣做成枣糕、枣粽子、枣脆饼、枣焖饭、枣馍等传统食品，这些民间传统食品的制作工艺也一直流传至今。

枣制食品（刘某承/提供）

《《佳县百姓的日常生活离不开红枣》》

枣糕。陕北人爱吃米糕，米糕里放进枣儿，即为枣糕。做法是将软小米或软黍米浸泡后碾成糕米粉，入锅蒸时，在铁锅内笼布上，分层撒糕米粉与红枣，出锅后揉成卷、切成片即可食。枣糕之美可用"软、甜、香"三个字来概括。枣糕在喜庆活动中有"早日高升"之意；在丧葬活动中有盼祈亡灵西归之意。

枣馃馅。这是一种饼状食物，做法为用油酥层面包入枣泥馅，在一种上下有文火的平底铁锅土炉中烤熟，中心点红印，吃起来馅甜皮酥。它不仅是食用、馈赠佳品，还被视为喜庆礼物，具有一种特殊的用途，即男女青年订婚时，男家必须送女方12个枣馃馅（也有24个或36个），女家再将馃馅分赠亲戚。这其实也是一个形象的广告：女儿已经许配给他人了。因此当地群众常戏称女子为枣馃馅。

（1）枣粽子　做法为以软黍子、糯米加大红枣外包鲜苇叶，捏成不规则四角体，用文火煮熟。粽子为端午节食品，传说包粽子是为纪念屈原。端午节佳县家家户户要吃软米红枣粽子，一有这红枣，就和南方的粽子不一样了，过去为端午节凉食，现为风味小吃。民歌中有"大软米粽子包砂糖，送给哥哥尝一尝"的句子。

（2）枣焖饭　做法为用红枣和软米加适量水文火焖煮。质粘稠，色紫红，味香甜。枣焖饭是腊八节食品，腊月初八早上农家都要吃焖饭，不仅自家吃，还要送邻居一碗，在果树枝头抹一点，给猫狗鸡猪尝一点，祝福来年四邻和睦、五谷丰登、枝繁果甜、槽头兴旺。这天又是佛祖得道日，故也有纪念佛祖、广布善道之意。

（3）枣炒面　将谷子或糜子炒熟，与煮熟的红枣搅拌碾压成片，晾干后磨成面。吃时掺少许稀粥或开水，和成软团，兼有炒香和枣甜，风味独特。

（4）枣馍　陕北人吃白馍，更爱吃黄米馍。枣馅黄馍是用黄米粉发面、包入红枣豆沙馅蒸成。白馍、黄米馍都可以包枣馅，但黄米馍包枣馅更好吃。

（5）枣月饼　以枣泥为馅，用温水和面加酥油包好，入炉烘烤至金黄色，香甜酥脆。枣月饼过去是中秋节祭月敬神的供品，如今也成了人们走亲访友时的礼品。

（6）枣饼子　是在锅内烙熟的一种家常食品。如用发面包枣泥豆沙馅，扭褶入锅蒸熟，则是枣豆沙包子，也是家庭美食。但做法一变，口感就不同了。

（7）枣糕角　以糕团擀皮包枣馅油炸，油香扑鼻。

（8）枣角子　用发面包枣泥馅，在火炉中烤熟的三角形饼，另有一味。

（9）醉枣　用一个大盆盛上个大、肉厚、无伤的新鲜大枣，并用清水洗净，然后喷上浓郁的白酒，密封储存在坛子里，过一段时间即可启坛品尝。醉枣经过酒的浸泡，愈加鲜润，愈加红艳，既有酒香，又有枣香，醇香扑鼻，鲜脆可口，即使招待贵宾，也毫不丢人。

此外，古枣树、古枣园以及枣树庭院栽植，在野外坡地上及庭院系统内创造了丰富的生态位，改善了黄土高原贫瘠的局地条件，为其他农业物种共存提供了条件，形成了非常丰富的生物多样性，为当地群众提供了多样的农产品。据在当

地的调查统计，古枣群落栽植稀疏，为其他物种的生存提供了空间；同时，枣树枝繁叶茂，形成遮阴，为喜阴植物的生存提供了适宜的环境；灌溉用的水渠形成了局部与湿地类似的小环境，为吸湿植物的生长创造了适宜的条件。一般在幼树期间，在枣树下种植的农作物有土豆、黄豆、谷子、绿豆、红薯等各种蔬菜或低秆作物；待管理6~7年后，才在林下逐渐少种农作物和各类豆科作物，并开始散养家禽。在庭院枣林中，枣树多是与葡萄、梨、苹果、杏、花椒混种，树下还可适当种植西红柿、辣椒等蔬菜，并散养家禽。

枣粮混作（刘某承/提供）

林禽复合（武忠伟/提供）

佳县古枣园提供的众多农产品

种	品种	俗称	是否为当地品种
粮食	小香谷	香谷	否
	临秋变	饭谷	是
谷子 （*Setaria italica* Beauv）	卡谷	饭谷	是
	张杂谷5号	饭谷	否
	晋谷21	饭谷	否
	龙爪谷 （*Eleusie coracana* L.）	洒谷	是
绿豆 （*Vigna radiata*）	佳县大明绿豆	青小豆	是
	小绿豆	绿豆	是

续表

种		品种	俗称	是否为当地品种
粮食	大豆 （*Glycine max*）	连枷条	黑豆	是
		鸡腰白	白黑豆	是
		老黑豆	黄豆	是
	马铃薯 （*Solanum tuberosum*）	紫花白	洋芋（土豆）	否
		陇薯3号	洋芋（土豆）	否
		东北白	洋芋（土豆）	否
		忻革6号	洋芋（土豆）	否
经济作物	西红柿（*Lycopersicon escnlentum Miller*）		柿子	否
	辣椒（*Capsicum annuum*）		辣子	否
	花椒（*Zanthoxylum bungeanum*）		花椒	是
果树	葡萄（*Vitis*）		葡萄	否
	梨（*Pyrus sorotina*）		梨	是
	苹果（*Malus pumila Mill*）		苹果	是
	山杏（*Siberian Apricot*）		杏子	是
家禽	鸡（*Gallus gallus domesticus Brisson*）		鸡	是

（二）营养：药食同源

红枣具有重要的营养价值和药用价值，据《本草纲目》记载，干枣性味甘、平、无毒，是润肺、止咳、补五脏、强虚损、养肠胃的良药；千年古枣树的红枣在中药治疗中的应用更为广泛，《北京同仁堂志》中记载："用葭州（今佳县）大红枣，入药医百病"。同时，清康熙年间皇帝曾以圣旨把佳县千年油枣确定为贡品。

千年古枣树

❶ 药用

我国药学自古以来就注意到枣的药用价值，不断深化对枣果、种仁、根皮疗效的研究。早在上古时期，《药对》中即写大枣"杀附子、天雄毒"。公元3世纪的《名医别录》中即有大枣药用功效的记载："补中益气，坚志强力，除烦闷，疗心下悬，除肠澼。"6世纪时的《神农本草》将枣列为上品，主治"心

千年红枣

腹邪气，安中养脾，平胃气，通九窍，助十二经，补少气、少津液、身中不足、大惊四肢重，和百药，久服轻身延年。"7世纪时的《日华子本草》记载枣"润心肺，止咳嗽，补五脏，治虚劳损。"明朝的《药品化义》记载枣有"养血补肝"

之功。《本草再新》述及枣能"补中益气，滋肾暖胃，治阴虚。"

《本草纲目》记载"干枣性味甘、平、无毒"，是润肺、止咳、补五脏、强虚损、养肠胃的良药。在我国历朝历代的大量医书中，均记载有大枣的药用功效。近代的《中国药植物图鉴》也记载枣有"治疗过敏性紫斑病，贫血病及高血压"的功能。《中药大辞典》和《中医大辞典》均记载："大枣具有补脾和胃、益气生津、调营卫和解药毒的功能，可治疗胃虚食少、脾弱便溏、气血津液不足、营卫不和、心悸怔忡和妇人脏躁。"《皇汉医药大揽》记载大枣具有镇静、收敛，滋养强壮的药效。与甘草并用，可缓和抽筋、肌肉疼、喉头疼等症。与甘草和小麦煎制的"甘草大枣汤"可抑制神经兴奋，缓和痉挛症，治疗神经衰弱、小孩夜啼症、失眠症、子宫痉挛、胃痉挛等症。大枣和茯苓、桂枝、甘草配制的"苓桂甘枣汤"可治疗脐下悸动、右侧直肠肌肉的剧烈痉挛、眩晕、神经性心悸亢进、胃液分泌过多症和失眠症等。这些医药名著都全面肯定了枣的药用价值和功能。

2011年，山东大学药学院的专家从千年红枣的活性成分及药理作用分析，发现千年枣含有两类皂苷Ⅰ、Ⅱ、Ⅲ和酸枣仁皂苷B，生物碱类有异喹啉类生物碱及吡咯烷生物碱，黄酮类包括黄酮-乙-葡萄糖苷、乙酰化黄酮-C-葡萄糖苷等。千年枣中的糖类主要有葡萄糖、果糖、蔗糖、低聚糖、阿拉伯糖及丰乳糖等，另外还存在酸性多糖和中性多糖。其还含有苹果酸酒石酸、油酸、亚油酸、肉豆蔻酸、棕榈酸和硬脂酸等。据所含物质，张教授确定千年红枣有安眠、减肥、防治心血管疾病、抗癌和抗艾滋病、安神益气养颜、养肝护肝、抗疲劳、抗过敏及变态反应、清除氧自由基的药理作用。

据营养药学专家分析，千年枣营养丰富，内含多糖碳链明显长于其他任何品种枣的糖碳链，具有独特作用。此外，其还含有特殊的营养成分环核苷核，为蛋白酶致添剂，是有机体中广泛存在的一种重要的生理活性物质、细胞内传递激素和递质作用的中介因子，起着放大激素的作用信号和控制遗传信息的作用。临床医学表明，它对冠心病、心肌梗死等心血管病有预防和治疗作用，还具有调节神经递质合成、促进激素分泌的作用。千年枣中的另一种特殊营养成分大枣多糖是抗衰老的主要活性成分，且具有明显的止咳、祛痰、行血、止血、通经活络之功效，同时具有抗被

体活性和促进淋巴细胞增殖的作用，能有效增强机体免疫力。另外，它还具有抗癌和抗艾滋病等生理活性。千年枣中的特殊物质芦丁，可防止毛细血管发脆引起的出血症，临床主要用于高血压、血小板减少症和败血症等疾病的辅助治疗。

《《秦始皇用枣入药》》

传说，秦始皇一次游猎大获丰收，当晚睡了一个好觉，做了一夜美梦。第二天一早他高高兴兴地返回京都。当时正值中秋，习习秋风送爽，田野小枣香。农夫们有的在收获庄稼，有的在捕鱼捉虾；村姑们有的在为田间劳作的家人送茶饭，有的在哼着小曲摘枣；几个顽童光着屁股在小溪中嬉闹，不时惊起几只喜鹊向远方飞去。

秦始皇被这美丽的田园景色所吸引，便命轿夫在一棵枣树下面停下来。他触景生情，诗兴大发，随口吟诵了一曲词（可惜随从没有记录下来）。这时，御医端上了一碗"人参鹿茸大补汤"，秦始皇喝了一小口，感受又苦又涩，不由心中火气上窜，举起药碗就要向御医头上泼去。这时，一阵秋风吹过，从树上掉下了一颗红枣，不偏不倚正好掉在了药碗中。秦始皇见状一愣，他想，枣自天降，此乃天意。于是，他转怒为喜，开始用药。这时，他明显感觉药汤的味道大变，喝完药后，觉得一股暖流在胸中涌动，大有开始返老还童之感。御医看在眼里，记在了心中。自此开始，每用补药，他必定加枣。此方也很快在社会上传了开来。

（怡元　搜集整理）

❷ 营养

红枣含有丰富的营养物质和多种微量元素。归纳起来，红枣主要包括以下四个方面的营养成分：

（1）热源物质　红枣含有丰富的碳水化合物（糖类）、蛋白质和一定的脂肪。在鲜枣中含糖类达20%~36%，在干枣中含糖高达50%~80%，其糖分主要是葡萄糖和果糖。

营养丰富的红枣
（佳县林业局/提供）

（2）蛋白质　含有全部必需氨基酸的蛋白质被称为"完全蛋白质"；组成中缺少一种或几种必需氨基酸的称为"不完全蛋白质"。红枣中的蛋白质是完全蛋白质，含有人体所必需的18种氨基酸，它们分别是：蛋氨酸、缬氨酸、亮氨酸、异亮氨酸、赖氨酸、苏氨酸、色氨酸、苯丙氨酸、甘氨酸、丙氨酸、丝氨酸、天冬氨酸、谷氨酸、脯氨酸、酪氨酸、组氨酸、精氨酸和胱氨酸。

（3）维生素　维生素是维持人的生长和代谢所必需的微量有机物。红枣中的维生素含量十分丰富，被誉为"天然的维生素丸"，是人体抗衰老的补品。它包括维生素A、维生素B、维生素C、维生素P等。其中维生素C含量较苹果、梨、葡萄、桃、山楂、柑、橙等水果均高。100g鲜枣中的维生素C含量达0.3~0.6g，比苹果高70~100倍，比柑橘高7~10倍。同时，其维生素P含量也在百果中名列前茅。维生素P有改善人体毛细血管的功能，对防治心血管疾病有重要作用，因而高血压、眼底出血、咯血、皮肤紫斑、坏血病、感冒患者吃枣均有益。

（4）矿物质元素及其他　红枣中包含有丰富的钙、磷、铁、钾、硒、锌、铜、锰、碘、钠等矿物质元素，这些都是调节人体机能所不可或缺的物质。此外，红枣中还含有黄酮类物质、有机酸、三萜类化合物、达玛烷型皂甙、单宁、硝酸盐和黏液质等。

❸ 保健

根据传统中医药理论，红枣的保健功效主要体现在四个方面：一是健脾益胃之功效。每日吃枣7颗，可以治疗脾胃虚弱、腹泻。红枣与党参、白术共用，可以补中益气、健脾胃，增加人的食欲，同时有止泻的功效；由饮食不慎引起的胃炎，可以通过食用红枣和生姜、半夏来治疗。二是补气养血之功效。红枣为补养佳品，食疗药膳中常加入红枣以补养身体、滋润气血、增强免疫力。三是养血安神之功效。女性患躁郁症、哭泣不安、心神不宁等，用红枣和甘草、小麦同用（甘麦大枣汤），可起到养血安神、舒肝解郁的功效。四是缓和药性之功效。红枣常被用于药性剧烈的药方中，以减少烈性药的副作用，并保护正气。

现代科学研究表明，红枣的保健作用主要表现在以下几方面：

一是增强人体免疫力。红枣中含有大量的营养物质，如糖类和维生素C、核黄素、硫胺素、胡萝卜素、尼克酸等。红枣具有较强的补养作用，对人体免疫力的提高、抗病能力的增强有促进作用。

二是增强肌力和体重。鼠每日灌服大枣煎剂，持续3周后，其体重的增加较对照组更明显；在游泳试验中，服用煎剂的小鼠的游泳时间较对照组明显延长，这说明大枣能增强体重和肌力。

三是保护肝脏。用因吸入四氯化碳丙患肝损伤的家兔做实验，每日喂给它大枣煎剂，共喂食1周，检测表明其血清总蛋白与白蛋白较对照组明显增多，这说明了大枣有保护肝脏的功能。

四是抗过敏。从大枣中提取的乙醇物异对特异反应性疾病有效，其能抑制抗体的产生，这揭示了大枣的抗变态功效。

五是镇静安神。大枣中含有黄酮类物质，其有镇静、催眠和降压的功效，其中柚配质C糖甙类提取物有中枢抑制作用，能降低自发运动及刺激反射、强直木僵，实现安神、镇静之功效。

六是抗癌和抗突变作用。大枣所含的桦木酸、山植酸等三该类化合物是有抗癌活性的，能起到抑制肉瘤S-180的作用。枣中所含的各类营养成分，能增强人

红枣具有极高的保健功效（梁勇/提供）

的免疫力，达到防癌抗癌、维持人体脏腑机能的作用。此外，枣中还含有芦丁成分，这种物质能使血管软化、血压降低，特别是对高血压病有防治作用。

由于红枣性温味甘，含有多种营养成分，具有极高的营养价值和保健功效，因此民间有"天天吃红枣，一生不显老""五谷加大枣，胜过灵芝草""天天吃大枣，青春永不老""若要皮肤好，粥里加大枣"等说法，虽然有些夸张，但也说明常常食用红枣对健康是有益的。

❹ 食疗

红枣属五果之一，它是人们在日常生活中非常喜爱的果品，也是中医学中一味重要的药材，能起到滋补脾胃、养血安神、治病强身的功效。我国传统的养生理论讲究"药食同源"，人们对红枣的利用则是对这一理论的典型实践。产妇多食用红枣，可以补中益气，同时达到养血安神、加速机体复原的作用；老年体弱者如食用红枣，可以增强自身体质，同时达到延缓衰老的作用；脑力劳动者及神经衰弱者，如果饮用红枣茶，则能安心守神、改善食欲。一般的茶，如果晚间过饮，会导

药食同源——枣（梁勇/提供）

致辗转难眠，但如果每晚以红枣煎汤代茶，则能免除这种困扰。春秋季节，将红枣和桑叶一起煎，可达到预防伤风感冒的作用；夏令炎热，红枣和荷叶一起煎煮可以利气消暑；冬日严寒，红枣与生姜红糖同煎，可驱除寒意、温暖肠胃。在我国民间存在着大量利用红枣进行养生保健、防病治病的药膳食谱。

（三）生计：产业腾飞

❶ 增加农民经济收入

佳县枣树沿用传统的栽植方式，主要依靠自然生长，极少使用化肥、农药，因此红枣的品质明显优于其他的栽植地区，成为中国著名的有机红枣，为当地农民创造了效益。

目前，全县红枣面积已突破4.0万公顷，覆盖20个乡镇，重点分布在沿黄河的10多个乡镇，其中有机红枣面积达到0.4万公顷。佳县不仅大力发展红枣种植业，而且还附带发展一系列下游的产业链，全县现已建成众福、佳宝、东方红等市级以上红枣加工，龙头企业7家，建成烤炉2 000多座，年加工红枣5万吨。主产红枣的乡镇和村成立了枣业合作社，沿公路干线建成了5个集加工、批发、销售于一体的红枣综合市场。红枣加工产品有黄河滩枣、鲜香脆枣，枣汁饮料、红枣果酒、枣香精香料等，市场发展前景广阔。

新栽枣树的鱼鳞坑（佳县林业局/提供）

红枣助力产业发展
（佳县林业局/提供）

红枣及其产品加工（武忠伟/提供）

据统计资料显示，目前正常年景佳县红枣总产量2.25亿千克，产值近9亿元，全县农民人均红枣收入2 000余元，全县红枣收入占到农民人均纯收入的50%左右，红枣收入已成为佳县农民收入的第一大来源。在红枣主产区，枣农人均红枣收入5 000余元，户均收入达到了2万元以上，收入在10万元以上的枣农有120多户，5万元以上的有1500多户，个别大户收入达到20万元以上，在沿黄主产区乡镇红枣收入占农民人均纯收入的80%以上。

红枣晾晒（张灿强/提供）

家家都有红枣（武忠伟/提供）

　　近年来，佳县以实现农民持续增收为根本，着力于红枣产业的发展，提出了建设"中国有机红枣名县、陕西省红枣大县、百万亩红枣基地"的战略目标，提出全面实施"红枣西移"的产业战略，并制定一系列的枣树种植优惠政策，使枣树种植面积连年增加。佳县还建设红枣相关产业链，提高红枣产业的附加值，保证枣农收入的稳定性。红枣产业将在佳县农业的发展，农民生活水平的提高，农村面貌的改善中起更为重要的作用。

　　此外，枣树原产我国，是我国最具代表性和特色优势的民族果树之一。其虽已被40多个国家引种，但由于需求量大，我国产品乃优势明显，在国际市场上具有独一无二的竞争优势，出口创汇潜力巨大。随着我国国际影响力的迅速增大，枣产品作为中国传统中药和饮食文化的典型代表之一，必将日益引起国际市场的高度关注。另一方面，随着人们生活水平的不断提高，以营养见长的枣产品必将受到越来越多的消费者的青睐，故枣产品的国内外市场潜力巨大。枣果鲜食制干兼宜，还可加工成蜜枣、乌枣、南枣、醉枣、枣酒、枣泥、枣酱、枣汁、枣茶等功能性食品。除作为一般果品外，枣果还是重要的节日用品、滋补保健佳品以及食品加工的重要原料。枣果及其加工品作为我国拳头特色果品，远销亚洲、欧洲、美洲的几十个国家和地区。随着人们生活水平的提高，以营养丰富见长的各种枣产品必将获得更大的国内外市场空间。

红枣的精加工产品（武忠伟/提供）

≪≪传邻国播欧洲 40 多个国家种植中国枣≫≫

枣作为中国的友好使者，走向了世界。现在世界各国栽培的枣树，几乎都起源于中国，并且直接或间接地引自中国。

起初，枣先是传到与我国相邻的朝鲜、俄罗斯、阿富汗、印度、缅甸、巴基斯坦及泰国等地；随后向欧洲传播，沿着丝绸之路被带到地中海沿岸各国。

枣在美国栽培较晚，是于1837年由欧洲传入的，所以现在美国和法国的相关著作中，仍引用我国的郎枣或梨枣等原来品种名。日本没有原生或野生的枣，自古栽培的枣树都是从我国引进的（大约在9世纪以前）。在《和名类聚抄》上枣的和名为"奈豆女"或"奈都女"，指的是干枣，鲜食枣被称作"奈未奈都女"。在日本的古文献《三代实录》（908年）上就已记载了"光考天皇仁和二年（887年）从信浓国进贡梨和大

枣"。此后在日本奈良朝、平安朝时代的栽培果树记载中都有枣，说明日本栽培枣的历史在千年左右。但其对枣的改进和推广较慢，据统计在1959~1964年间日本输入干枣约4 000吨，目前仍依靠进口。在日本的原始材料圃中目前仍有郎家园等几个枣品种。

20世纪50年代，前苏联曾大量引进我国的枣品种，美国也先后引进了200余个优良品种。目前枣树已遍及五大洲的40多个国家和地区，枣果的独特风味、保健价值以及良好的适应性和丰产性，日益引起各国果树专家和果树种植者的极大关注。

❷ 促进休闲农业发展

枣树除了通过结实创造经济价值外，也可以通过其他方式创造经济价值，如枣树独特的景观特征和美学价值是多功能农业的重要组成部分。枣树体形高大，树体可达10余米，树冠为半圆形或圆形，其树干、花、果、叶都具有很高的可观赏性，无论是孤植、丛植还是群植，也无论是个体美或群体美的展现，都能给人以美的享受，与其他题材配合得当更可以组成动人的景观。枣树的色、香、形态、季相变化等，也均可作为园林造景的主题。

枣树春季繁花似锦、芳香四溢，群蜂飞舞，美不胜收；夏季绿荫蔽日、遮阴送凉；秋季硕果累累、叶色多变，果实色泽艳丽，像盏盏红灯笼挂满枝头，显出一片丰收吉祥的景象。枣树在不同季节都能给人以美的享受，完全可以作为生态绿化树种丰富园林绿化景观。枣粮间作，又能体现另一种景

千年古枣园吸引国内外游客（武忠伟/提供）

观美：既可感受枣树的美，又可体验农业田园清新质朴的生活方式，在高楼栉比鳞次、环境质量下降、快节奏生活的城市里，亲近自然、回归自然已成为人们日益向往的生活方式，因而成片枣林和枣粮间作景观能成为发展休闲农业的重要资源。佳县古枣树干枝遒劲、树叶繁茂、遮蔽度大、文化气息浓厚、更是休闲观光的极佳胜景。

❸ 推动"三农"协调发展

随着生态文明建设的不断推进，受森林资源承载能力的限制，山区农民"靠山吃山"的无奈选择与生态保护之间的矛盾越来越突出，如何在有限的土地上实现人与自然的和谐发展成为了一个难题。红枣作为佳县政府指定的最具发展潜力的经济树种，对拓展山区经济发展空间，培育"优质、高效、生态、安全"的兴林富民新产业具有重要意义。而以红枣为依托的加工业、千年古枣园及农家乐成为了一个新的增长点。古枣林不仅仅是青山绿水，更是金山银山。红枣既是当地乡村居民的主要经济来源，同时屋前屋后的枣树也是村落重要的环境景观，枣树下也常是居民休憩的地点。系统开展古枣园农业文化遗产保护，不仅可以更好地保护千年古枣林、保护红枣的优良种质资源，同时也可以提高古枣群落的知名度，促进当地旅游产业的发展，进而带动社会经济的发展，实现人与自然的和谐。全力发展红枣及其附带产业是山区百姓增收致富的亮点工程，更是实现山区产业升级的理想途径，对于佳县的生态文明建设和社会主义新农村建设具有重要意义。

农业是国民经济的基础，农村是社会的基本社区，农业可持续发展是整个社会可持续发展的基础。因而在实践我国可持续发展的战略时，必须研究农业的可持续发展问题，以加强农业的基础地位，促进经济社会的可持续发展。红枣作为佳县枣农的主要收入来源，在农业可持续发展中具有重要意义。

以泥河沟村为例，该村以发展中国著名的红枣特产为重点，开展现代特色林业建设，发展方向是山区型现代化高效综合林业，即以传统特产红枣等绿色林产品加工业为主导产业，以实现农业产业化、农村城镇化、农民知识化为目

标，大力引进、消化、吸收和集成国内外的农业科技成果和高新技术，大力发展现代特色林业和生态农业，加强生态环境与生态村建设，从城乡一体化角度探索该村的旅游休闲疗养和养老业发展的经验，实现第一、二、三产业的全面可持续发展。

三

生态与环境

红枣不仅为黄河两岸的居民提供了木本粮食和保健食品，还具有较高的生态价值，尤其是在其他树种难以生存的干旱的陕北黄土高原区，其生态价值尤为重要。枣树树干高大，树冠盖度较大，成片种植，尤其是古枣园中的枣树，高大密郁，长势明显强于其他树种，可以起到良好的防风效果；枣树水平根向四面八方伸展的能力很强，匍匐根系较多，侧根发达，固持表层土壤的能力非常强；同时，树龄较长的天然林和人工古树林，其土壤持水能力较强。

在植被稀疏的黄土高原区，在黄河沿岸的坡地上，枣树的这些生理特性在防风固沙、水土保持、涵养水源方面的功能意义重大。枣树在固碳释氧、降低噪声以及调节小环境方面，都不逊于其他绿化树种。枣树在防尘、滞尘树种中名列前茅，对二氧化硫有很强的抗性，对氯和氯化氢等的抗性也良好。枣树还具有增加空气湿度，降低地区降水的年际变化，保持水土和养分等生态功能。

黄河滩地的枣林（佳县林业局/提供）

（一） 环境适应

❶ 气候适应性

枣树喜温喜光，耐旱性较强，在形态和生理结构上具有保水抗旱的作用。枣树的树干较矮，叶面积指数小，枝叶稀疏；叶的表皮外有蜡质层，表皮下有圆柱状运动细胞，当植株受旱时，叶片因运动细胞膨压的变化沿正面中脉纵向卷合，以缩小受光面并关闭气孔，减少水分蒸发，故需水量相对较少；枣树萌动迟、发芽晚、落叶早，年生长周期短，也使其生长需水量较少；枣树在盛花期（6月中下旬）和成果期（8月中旬~9月）对气候条件要求相对较高，盛花期需要较高的温度和晴朗的天气，以利于开花、昆虫授粉和坐果；成果期要求充足的光照条

枣树能保水抗旱（梁勇/提供）

件，如天气晴朗、昼夜温差大，则有利于糖分积累，而阴雨天气易导致枣果腐烂。佳县日照时数长、光照充足、昼夜温差大、降水偏少，具备枣树生长要求的各方面气候条件。

枣树适生气候条件及佳县气候条件

项目	适生范围	佳县数值
年均温（℃）	5.5~22	10.2
花期均温（℃）	≥22~24	27.5
最低温度（℃）	≥−38.2	−24.4
无霜期（天）	≥100	172~199
年降水量（毫米）	87~2 000	386.6
年日照（小时）	≥1 100	2 710.7

❷ 土壤适应性

枣树抗旱、耐盐碱和耐贫瘠的能力很强，在许多不宜作物生长的山、沙、碱、旱等土壤环境恶劣的地区皆可以生长，这与其根系特征和生理结构有关。枣树的根系比较发达，且毛根所占比重大，根系可吸水总面积大。根、茎、枝表皮下均有木栓形成层，经过连续分生加厚，形成不透水褐木栓层，可有效阻止体内水分外散。枣树原生质水合能力和抗脱水能力强、粘度大；临界饱和亏值小，忍受水分胁迫能力强，这些特点

枣树耐贫瘠土地（张灿强/提供）

泥河沟枣林（伦飞/提供）

都适应佳县土壤较干旱的特征。佳县地处黄土高原区，土层基本都在18米以上，土壤深厚（枣树适生土层深度≥30厘米）；pH值呈弱碱性，pH范围为8.1~8.4（枣树适生pH范围为4.5~8.4），在枣树的耐受范围内，也适宜枣树的生长。据研究记载，在土层深厚、肥沃的土壤上，枣树生长得健壮，果实丰产、优质，而且寿命也较长。佳县朱家坬镇泥河沟村古枣园地处黄河滩地，土壤深厚肥沃，为枣树提供了良好的立地条件和生长条件。

❸ 环境调节

枣树作为佳县枣林生态系统的主要建群种，具有耐旱、抗盐碱、耐贫瘠等生理特点。在佳县山、沙、碱、旱等自然条件下其他树种长势差，而枣树可较好地生长，表明其在佳县的自然环境条件下具生态竞争优势。同时，枣林也具改造环境的功能。枣林可有效降低风速（可降28.6%~45.5%），起到防风固土作用；可调和气温和湿度（生长季林下温度降低2.8~4.4℃、湿度增加3.7%~9.2%），降低蒸发

率；枣林凋落物可改善土壤质地、通气性，增加土壤持水力和有机质含量。这些功能改善了干旱、贫瘠的生态环境，为其他植物和动物提供了适宜的生存环境，丰富了生态系统的生物多样性，增强了生态系统的稳定性，也提高了生态系统的物质和能量的循环速度。可见，枣林生态系统对当地的自然环境处于一种动态的适应过程。

枣林改变局地环境，利于其他植物生长（刘某承/提供）

（二）保持水土

我国是世界上水土流失面积最大、强度最严重的国家之一。据估计，全国水土流失面积已达356万平方千米，其中黄土高原地区是我国水土流失最为严重的地区，其水土流失面积已经超过43万平方千米，占黄土高原总面积的70%左右，其中严重水土流失面积约为11万平方千米。

佳县位于陕西省东北部黄河中游西岸，属典型的黄土高原区。其气候属于大陆性季风半干旱气候，年均降水量为397.6毫米，降水集中于夏季，6~9月降水量占年降水量的71.9%，并多以雷雨、阵雨形式出现，是我国乃至世界的沙漠暴雨中心。降水量年际变化也较大，丰水年降水量达576毫米，枯水年仅235毫米；地势由西北

黄土高原水土流失严重（佳县旅游局/提供）

向东南倾斜，海拔高度为675~1 339.5米，平均海拔664米，地形支离破碎、纵横交错。全县可分为北部丘陵片沙丘（约30%）、西南丘陵沟壑区（约52%）和东南黄河沿岸土石山区（约18%）3种地貌类型，15°以上的陡坡地占全县总面枳的35%。由于年降水量少，该地植被稀疏，同时由于黄土的易侵蚀性，夏季受到暴雨袭击时，水土流失十分严重，是黄河中游水土流失最严重的地区之一。

枣树是抗旱性很强的果树，需水不多，适合生长在贫瘠土壤，树生长慢，木质坚硬细致，生命周期长，同时也耐涝、抗盐碱、适应性强、栽培成本低。枣树的这些特性适应了佳县干旱贫瘠的自然条件，故1 000多年以前，已在佳县"安营扎寨"。枣树树干高大，高可达10余米，树冠较大，植被覆盖度高，水平根向四面八方伸展的能力很强，6年生的水平根长达4米

枣树根系图（佳县林业局/提供）

以上，40~50年生的壮龄树水平根则长达15~18米，枣区群众中流传着"张家村，李家村，枣树连着根"的说法。枣树的匍匐根系较多，侧根发达，固持表层土壤的能力非常强；枣树萌生根蘖的能力强，即使在农田耕作时把根蘖除掉，土壤中残留的根系对土壤也仍有一定的固持作用。在植被稀疏的黄土高原区，枣树的这些生理特性在水土保持方面的作用意义重大。一般认为陕西佳县古枣园系统在防止水土流失方面主要包括3个作用，即保持土壤、减少土壤营养物质流失、缓解河流等泥沙的淤积。

据中国科学院2011年的研究，佳县枣树生长区的水土流失强度较附近其他地区较轻，尤其是古枣树生长区侵蚀强度十分微弱，为不侵蚀区或轻度侵蚀区。枣园对于佳县的水土保持作用十分明显，其每公顷土地的水土流失量为0.05吨，2011年种植枣园地区每年的水土流失量仅为218.64吨，占当地潜在土壤侵蚀量的0.5%，其土壤保持量达到了99.5%，约为44 638.69吨。林地保持土壤的效果仅次于枣园，其每年土壤保持量为41 941.62吨，比有机枣园的土壤保持量少了

枣林对保持水土具有重要作用（伦飞/提供）

2 697.07吨，而其土壤侵蚀量却是枣园土壤侵蚀量的13倍。相对于林地和枣园具有的较高的土壤保持能力，灌木和草地对当地的水土保持作用相对较差，在种植灌木和草地的情况下，每年的水土流失量分别为4 431.89吨和5 113.82吨，尽管如此，它们也能够很好地提高当地地表的植被覆盖率，从而有效地减少该地区的水土流失，其每年的土壤保持量分别为40 425.43吨和39 743.93吨，分别占裸露条件下潜在土壤流失量的90.1%和88.6%。

佳县不同土地类型的单位面积的土壤保持量（吨/公顷）

潜在土壤侵蚀量	现实土壤侵蚀量				土壤保持量			
	林地	灌木	草地	枣园	林地	灌木	草地	枣园
10.6 893	0.6 948	1.0 561	1.2 186	0.0 521	9.9 945	9.6 332	9.4 708	10.6 372

土壤中富含氮、磷、钾和有机质等营养物质，如果发生水土流失，则会随之流失，造成土壤肥力下降。佳县的红枣种植能够有效地减少水土流失，故也有利于保持当地土壤中的营养物质。根据测算，2011年佳县枣园土壤中营养物质保持量为1 137.24吨，其中氮、磷、钾等无机质和有机质的保持量分别为933.71吨和203.53吨。

此外，黄土高原地区的土壤中富含沙石，水土流失将大量的泥沙带入河流，这会造成水库、江河和湖泊等地区泥沙的淤积，种植红枣的防治水土流失的价值也体现在能够有效地减少河流等泥沙的淤积。根据计算，2011年红枣园减少了33 107.21吨的泥沙淤积量。

显然，对于佳县等处于水土流失严重的地区，有效地恢复植被覆盖能够有效地减少水土流失、保持土壤含量。对比几种不同的植被类型，种植红枣的水土保持效果最好，其水土保持量达到了99.5%左右，接下来依次是森林、灌木和草地。由此可见，合理栽植枣树，不仅可以提高经济收益，还能够有效缓解水土流失和保持土壤。同时，佳县的红枣种植，还能够有效地保持土壤中的营养物质，利于其肥力保持，这反过来又会利于红枣的生长，形成一个良性循环过程。同时，有机红枣的土壤保持作用，能够有效地减少河流中的泥沙量，从而有效控制、减少水库、河流和湖泊中的泥沙淤积。

工程措施助力水土保持（佳县林业局/提供）

（三）防风固沙

　　佳县位于毛乌素沙漠南缘，属片沙覆盖的黄土丘陵区，降水少且主要集中在夏季，冬春降水量仅占全年的14%左右，常遇春旱，年蒸发量为2 000毫米；全年多大风，特别是冬春风沙危害严重，风速最大可达9~10级；土壤以风沙土为主，风沙灾害严重，生态环境恶劣。

　　在榆林地区的研究表明，树高和冠幅均在防风效能中起重要作用；而树高在防风效能中起主要作用，树林密度也在防风固沙林结构配置中起着重要的作用；树木枝条分枝数较多，透风系数较小，可有效降低近地层风速，使风的搬运能力降低，从而起到防风固沙的作用。枣树由于其树干高大，树冠盖度大，成片种植，尤其是古枣园中的枣树，高大密郁，长势明显强于其他树种，可以起到良好的防风效果。

枣林防风作用明显（刘某承/提供）

　　此外，在枣树生长过程中，伴随着植物—土壤的物质转化过程，植物吸收土壤中的元素合成有机质，同时使其枯落物回归大地，在微生物的作用下，分解释放养分进入土壤。同时，植物根系

古枣园防风固沙效果明显
（刘某承/提供）

的物理化学作用，使土壤中的许多必要元素处于可利用状态，从而逐步改善土壤肥力。可见，枣树林既防风固沙，同时也改善了土壤环境，起到保土育肥的作用。

改善局地环境（刘某承/提供）

　　枣林还具有降温增湿、降低田间蒸发量、改进农田局地环境的作用。这种影响有利于农田保墒和农作物的生长发育，这在5月下旬至6月少雨高温的干旱季节尤其明显。由于枣林降温增湿的效应，枣粮间作区这一期间出现干热风（日最高气温≥32℃，14时空气相对湿度≤30%，风速≥2米/秒的天气现象）的次数减少约2/3，干热程度也有降低，因而有利于麦类作物灌浆成熟，降低因干热风危害造成的减产5%~15%。

（四）水源涵养

　　枣林生态系统是自然界的一种生态系统类型，水循环是该生态系统的重要组成部分，也是该系统中物质能量循环的载体。黄土高原区由于长期干旱，枣树主要靠大气降水来获得生长所需的水分，其通过自身的生理特性形成了特有的环境截留和储存水分的能力，以服务于自身的生长需求。具体来说，枣树的树干高大，树冠庞大郁闭，叶面积指数很高，从而使其冠层对雨水的截获能力强，与其他植物类型比，枣树的涵养水源能力优势明显。

黄河滩地的新栽枣林（佳县林业局/提供）

　　林冠截留、枯落物持水和土壤非毛管孔隙蓄水是枣树林涵养水源的机理。降水会被枣树林充分蓄积和重新分配；林冠层拦截、吸收的降水，实现了主要的水源涵养作用；而穿过冠层降落到地面的雨水，则通过地表的枯枝落叶层实现了吸收蓄积。枣树属于落叶乔木，其枯枝落叶等凋落物在林下积累、分解，使得土壤中的有机质含量大大增加，从而改善土壤质地、增加土壤的通气性，也进一步实现增加土壤持水量的作用。

　　据研究，黄土高原区新栽植树木土壤的持水优势不明显，树龄较长的天然林和

人工古树林，其土壤持水能力较强。佳县古枣园有1000余年的历史，悠久的生长历史，使古枣园形成特有的生态系统，在夏季暴雨发生时，可有效调节地表径流、蓄积雨水，在黄土高原区干旱环境下，涵养水源的价值较高。

枣林可以调节地表径流、蓄积雨水（佳县林业局/提供）

（五）生态价值

中国科学院地理科学与资源研究所自然与文化遗产研究中心调研小组于2012年9月18日~21日对陕西佳县古枣园进行了广泛的实地考察，对核心区朱家坬镇的农户进行了详细访谈以了解当地的枣文化和枣种植方式。他们使用直接估算法、替代成本法和影子工程法等评价方法对陕西佳县古枣园系统的产品收益、保持土壤、防止泥沙淤积、固碳释氧、净化空气等功能的经济价值进行了定量评价。

古枣园生态系统服务功能评价体系

评价指标		价值类型	评价方法	参数说明
生态系统产品		直接经济价值	$T = Q \times P$	T为生态系统产品价值；Q为全县枣年产量；P为单位枣价格
保持土壤价值	防止土壤流失价值：防止水蚀流失 / 防止风蚀流失	间接经济价值	$W = (C-S) \times \theta \times F$	W为防止土壤流失价值；C为枣林地水（风）侵蚀量；S为坡耕地侵蚀量；θ为枣林面积；F为土壤上山还林价格
	防止土壤养分流失价值：防止水蚀流失 / 防止风蚀流失	间接经济价值	$U_{肥} = A(X_2-X_1)\ (w(N)\ C_1/R_1 + w(P)\ C_1/R_2 + w(K)\ C_2/R_3)$	$U_{肥}$为年枣林保肥价值；A为枣林面积；X_2-X_1为单位枣林地与坡耕地水（风）侵蚀量差异；$w(N)$，$w(P)$，$w(K)$分别为土壤氮、磷、钾的平均质量分数；R_1为磷酸二铵含N量(%)，R_2为磷酸二铵含P量(%)，R_3为氯化钾含K量(%)；C_1，C_2分别为磷酸二铵、氯化钾的平均价格
防止泥沙淤积价值		间接经济价值	$Vg = K \times S \times G \times D$	Vg为防止泥沙淤积的经济价值（元）；K为挖取1立方米泥沙的费用；S为枣林总面积；G为进入水库中的泥沙占总泥沙流出量的比值（24%）；D为枣林地比坡耕地和减少的侵蚀量

续表

评价指标	价值类型	评价方法	参数说明
固碳释氧价值	间接经济价值	$C=S[(R_t \times P_t)+(R \times P)]$	C为固碳释氧价值，S为枣林面积，R_t、R分别为形成单位面积干物质吸收CO_2或释放O_2的量，P、P_t为固定CO_2或工业制O_2的价格
净化空气价值	间接经济价值	$S_P=A[(N \times P_v)+(B \times d)]$	S_P为净化空气价值，A为枣林面积，N为枣林对SO_2的吸收能力，B为枣林滞尘能力，P_v为削减SO_2成本，d为削减粉尘成本

评价结果表明，佳县古枣园系统产生的直接经济价值为11.25亿元；保持土壤的总经济价值为4.5 168亿元，其中，防止土壤流失的总经济价值为0.9 394亿元，防止养分流失的总经济价值为3.5 774亿元；防止泥沙淤积价值为0.0 264亿元。固碳释氧的价值为0.5 693亿元，其中，每年固碳作用的价值为0.4 379亿元，释氧作用的价值为0.1 314亿元；净化空气的价值为0.8 578亿元，其中，枣林每年滞尘的价值约为0.8 323亿元，吸收二氧化硫的价值约为0.0 255亿元。

评价得出陕西佳县古枣园系统的生态价值总量为每年17.2 204亿元。

佳县枣林的环境影响

佳县古枣园的生态系统服务价值（单位：亿元/年）

生态系统功能	生态系统产品	保持土壤		防止泥沙淤积	固碳放氧		净化空气	
		防止土壤流失	防止养分流失		固碳作用	释氧作用	削减二氧化硫	滞尘作用
类型	直接经济价值	间接经济价值		间接经济价值	间接经济价值		间接经济价值	间接经济价值
价值		0.9 394	3.5 744		0.4 379	0.1 314	0.0 255	0.8 323
	11.25	4.5 168		0.0 264	0.5 693		0.8 578	
总价值		17.2 204						

四

知识与技术

农业文化遗产主要体现了人类在长期的生产、生活中在农业上与大自然所形成的一种和谐与平衡，它不仅为现代高效生态农业的发展保留了杰出的农业景观，维持了可恢复的生态系统，同时还传承了具有重要价值的传统知识和深邃的文化内涵。一方面，农业文化遗产不仅包括那些历史悠久、结构合理的传统农业景观和系统，还包括蕴藏于其中的经历了数千年发展和传承的农业文化、社会文化和知识体系，是一类典型的社会—经济—自然复合生态系统，体现了自然遗产、文化遗产、文化景观遗产、非物质文化遗产的综合特点；另一方面，农业文化遗产"不是关于过去的遗产，而是关乎人类未来的遗产"。农业文化遗产所包含的农业生物多样性、传统农业知识、技术和农业景观一旦消失，其独特的、具有重要意义的环境和文化价值也将随之永远消失。

传统经验与现代技术结合（梁勇/提供）

（一）复合的生产系统

❶ 枣园复合种养

各种枣园复合种养殖的原理都是通过物种相互作用以及物质循环，一方面增加庭院的景观多样性、生物多样性和经济来源的渠道，另一方面提供有效解决土壤肥力与病虫控制问题的方案。枣树发芽晚，落叶早，遮荫少，肥水需求高峰与农作物相互交错，与农作物在生产上的矛盾小。枣树和农作物间作改变了单一农作物的平面布局，成为乔木与农作物相结合的立体农业，可产生一系列的生态效益，并促进增产增收。

枣粮间作是佳县人民因地制宜创造的一种立体农作制度，是利用枣树和农作物之间生长时间及生理学特征上的差异，把农作物与枣树按照一定的排列方式种植于同一土地单元，从而形成的长期共生互助的枣粮复合生态系统。

枣粮间作（刘某承/提供）

这种以种代管的方式，既提高了土地的利用率，又让枣树起到了防护林的作用。当地的枣粮间作有三种方式：一是以枣为主，以粮为辅的间作形式。枣树的栽植密度大，一般行距7~10米，株距3~4米，每亩栽20~30株。二是枣粮并重

的间作形式，把枣树生产和粮食生产放在同等地位。栽植枣树时，行距较大，株距较小，一般行距10～20米，株距3～4米，每亩栽10～15株。三是以粮为主、以枣为辅的间作形式，以种植农作物为主。栽植枣树时的行距较大，一般为30米左右，有的地区还有30米或50米双行栽植的；株距3～4米。

枣粮间作的好处主要表现在：第一，枣粮间作可降低风速。枣树树冠与间作物高低相间，气流（风）经过时，所受摩擦力增加，故可降低近地面处的风速，随着枣树行数的增加，风速下降越来越明显。使风速下降会起到调节温度、湿度和补

枣粮并重式间作（刘某承/提供）

充二氧化碳的作用，从而有利于农作物的生长、发育。第二，调节空气温度和湿度。枣粮间作地的月平均气温比非粮农间作地稍低，空气相对湿度提高，对间作地的小麦增进粒重、提高产量是十分有利的。第三，降低蒸发力，减少田间蒸发量。枣粮间作地较旷野风速和乱流有所减弱，使得土壤、树体和间作作物蒸发的水汽在近地面空气层停留的时间较长，稳定了空气中的含水量，故使

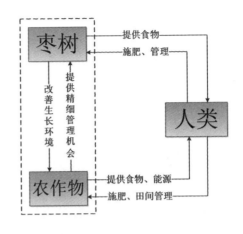

空气相对湿度增加、间作地的蒸发力降低、田间蒸发量减少，从而有利于保持土壤水分，利于作物生长。第四，提高了自然资源的利用率。枣粮间作充分利用了空间，小麦或其他间作作物在下层结实，枣树在上层结实，故可增加单位面积土地的产出量，经济效益也得到相应提高。第五，防治风沙，固持水土，保护农田。枣粮作间可以降低风沙灾害，也可以削减地表径流，减轻暴雨造成的水土和养分的流失。同时，这种间作也对枣树、农作物和人类都有好处，形成了三方的互利。

一是枣林与农作物互利。枣林可以起到防风固沙、保持水土、改善土壤、调节气温和空气湿度、减少水分蒸发和干热风侵害等作用；枣枝、枣叶枯萎脱落入土或残留土中，经腐烂分解可改良土壤，为农作物的生长创造有利的环境；于林下、林间栽培农作物后，枣农加强了对土地浇水、施肥、松土等方面的管理和对作物病虫害的防治，给枣树带来了更优良的生长环境。

二是农作物与人类互利。农作物生长结实为枣农提供食物，秸秆为枣农提供能源；枣农产生的粪便、无化学污染的生活垃圾等形成农家肥，枣农将之施入作物土壤，并进行精耕细作。

三是枣林与人类互利。枣林在为枣农提供食物、能源的同时，还有其他诸多功能，如为枣农夏季提供遮阴消暑的场所、防风固沙、保持水土、涵养水分、增加空气湿度、改善小气候、为枣农创造适合的居住环境等。此外，枣林景观还可以给人以精神上的愉悦。枣农为枣树修剪枝条，施有机肥料，实施生物物理防虫

害，并形成一系列的民俗乡规来保护枣树不受人类的破坏。

　　枣树、农作物和人类三者之间良性的互利关系保证了系统的可持续发展。

　　枣园复合种养殖，是在房前屋后或院内栽植枣树或与杏树、苹果树等树种混合栽植，在树下散养家禽，形成人、枣树、家禽或人、其他树种、枣树及家禽之间的和谐模式。

枣树庭院复合种养殖系统（武忠伟/提供）

枣树同其他树种合栽，如与杏树、花椒树间植，两者互不影响生长，增加了庭院的景观多样性、生物多样性和经济来源的多渠道性，降低了经济风险。在树下养殖家禽，不仅可以为人类提供蛋和肉制品，同时可以防止果树虫害。枣树、其他树种、家禽和人类共同组成了一个良性的生态系统。枣树叶小稀疏，遮蔽度较小，栽种在房前屋后或院内墙角处，既不影响室内采光，又可以净化空气、增加空气湿度、吸烟滞尘、美化环境，从而改善居住环境，为人们提供休息玩耍的良好空间，而且还可以增加人们的经济收入。

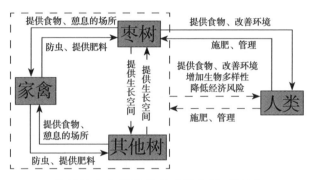

枣树的庭院栽种模式（张永勋/提供）

（二）丰富的农业知识

❶ 枣园管理

　　古人对枣园的管理有不少独到之处。在土壤管理上，《齐民要术》强调："地不耕也，欲令牛马履践，令净。"其解释说："枣性坚强，不宜苗稼，是以耕，荒秽则虫生，所以须净，地坚饶实，故宜践也。"主要指在贫瘠的沙荒地栽种枣树时，兼作其他作物的产量会很低，所以说不宜苗稼。而枣的适应性强，不论酸性土壤或碱性土壤都能生长，且比较耐旱。《齐民要术》还提到："其阜劳之地，不任耕稼者，历落种枣，则任矣，枣性炒故。"意即不能耕种庄稼的零星土地，可以利用来种枣，因为枣树不怕干燥。

　　因此，在古时枣树多种在不适宜种庄稼的地方，且多不与粮同作。而在佳县，枣粮间作十分普遍，且形式多样，人们根据不同的土壤条件兼种不同的作物。另外，佳县境内枣林地的土壤管理还遵从三方面的管理原则：一是耕翻枣林地。通常一年翻两次，春季浅翻，深度为0.1~0.13米；秋季深翻2~2.3米，以利于松土保墒。二是保水改土。在枣树周围挖鱼鳞坑、筑埝坝、修梯田、挖沙换土，以增加枣树的营养环境。三是经常耕锄枣林地。俗话说"枣怕三年荒"。杂草丛

枣园土壤管理（梁勇/提供）

生不仅影响枣树的生长发育，还易使枣树枝干感染病毒。因此，有间作物的枣林地需要中耕锄草，没有间作的枣林地也不能荒芜。

❷ 肥水管理

枣树系脱落性结果枝结果，枝多、花多、果数多，对肥水反应相当敏感，花前追肥、浇水，花期喷水、喷肥，坐果后追肥浇水，均能起到保花保果的作用，显著增产。按传统经验，人们应于秋季和早春耕翻结合开沟施底肥，用厩肥、大粪、绿肥和河柴渣子等均为适宜。于水地应施钙镁磷肥，施肥后先灌水然后翻地。枣树开花前，需要追施化肥或大粪水一次，提高座果率。幼果膨大期应追施化肥1~2次，也可结合喷水防旱，喷药防虫，混以2‰~3‰的尿素水，于叶面喷肥。喷肥宜在晴天无风的傍晚进行。对枣园的灌水多结合间作需要，分次进行。近年山川地枣园大幅度增产，主要是普遍追施化肥结合浇水的效果。

❸ 病虫防治

历史上，佳县境内枣树虫害一度相当严重，造成大面积减产，虫枣率达50%以上。这里存在的枣树虫害有枣尺蠖、枣镰翅小卷蛾、桃小食心虫、枣飞象、蚱蝉、红蜘蛛、杏龟蜡蚧等7种。存在的枣树病害主要是枣疯病，其会让病树枝叶枯萎，导致无法开花结果。境内村民和农技工作人员通过多年的研究工作，总结出了"一刨、二刮、三设、四翻、五诱、六剪、七喷"的综合防治技术：

一刨，将枣疯病株连根刨除，然后焚毁，不用其繁殖根蘖苗，选育抗病品种。

二刮，即刮树皮。根据枣镰翅小卷蛾的第三代幼虫在树干粗皮裂缝中越冬的习性，于冬季刮树皮、堵树洞，消灭越冬虫蛹。

三设，即设置障碍物，把害虫消灭在上树前。具体的做法主要有3种：一是于惊蛰前，在树干基部绑5厘米宽的塑料胶带，并在树干基部堆圆形土堆，阻止枣尺蠖、枣飞象雌虫上树产卵。二是在3月中旬成虫羽化前，用溴氰菊酯笔在树干基部画双环，毒杀上树的枣尺蠖雌蛾和枣飞象。三是种植除虫菊。

四翻，即翻（耕）枣树地。每年霜降前后，待枣树叶落尽，将枣树下的土地

设置障碍物阻杀害虫（梁勇/提供）

翻（耕）一次，把土壤中的越冬虫（食心虫）茧翻出地面，以被鸟食或冻干；次年3月下旬，在整理水簸箕、鱼鳞坑的同时，再将枣树下的土地深翻（耕）一次，将地面残留虫茧埋入土中，防止成虫羽化，减少虫害。

五诱，即诱杀害虫。4月下旬、7月上旬，分别是枣尺蠖和桃小食心虫的羽化盛期，可于此时在枣林间设性诱器诱杀害虫。具体方法是：性诱杀枣尺蠖，应于早春挖蛹培养，将羽化后未交尾的雌虫放在特制的小纱笼内，悬挂于林间树冠距地面1.5米处的水盘中间，诱杀雄成虫。性诱杀桃小食心虫，应取截体为500毫克当量的天然橡胶塞为性诱器，用口径为20厘米的塑料碗盛满洗衣粉含量为1%的水溶液，将橡胶塞置于碗中（距液面1厘米）按30米间距悬挂于林间（距地面1.5米），有电源的地方还可设变光黑光灯诱杀成虫。三是束草把诱集越冬虫害。在9月中、下旬，束一草把置于枣树主干分叉处，诱集镰翅小卷蛾越冬，到冬季将草

诱杀害虫（梁勇/提供）

把集中烧毁。

六剪，即剪掉当年虫害枝条，消灭虫卵。在春、冬剪枝时，剪去当年被枣龟蜡蚧、蚱蝉等害虫危害的枝条并及时烧掉。

七喷，即喷药物防治。用生物农药、植物源杀虫剂喷洒树叶树干。

诱杀枣尺蠖（梁勇/提供）

❹ 采收和晒枣

关于采收时期，《诗经》上说"八月剥枣"；《齐民要术》认为"全赤即收"，并解释说"半赤而收者，肉未充满，干则色黄皮皱；将赤，味亦不佳美；赤久不收，则皮破，复有乌鸟为患"，提出果实采收的标准和不适时采收的危害。在采收方法上则主张"日日撼而落之为上"的分期采收法。

剪 枝（梁勇/提供）

枣在古代为重要的储粮，因此必须加以干燥。古人晒枣的经验十分丰富，《齐民要术》上有详细的总结："先治地令净，有草莱，令枣臭，布椽于箔下，置

采枣与收枣（伦飞/提供）

枣于箔上，以杋聚而复散之，一日中二十度乃佳。夜仍不聚。得霜露气，干速，成。阴雨之时，乃聚而苫盖之。五六日后，别择取红软者，上高厨而暴之，厨上者已干，虽厚一尺，亦不坏。择去佚烂者，佚者，永不干，留之徒令污枣。其未干者，晒曝如法。"这种晒枣方法一直沿用到现在。

庭院晒枣（伦飞/提供）

每年的中秋节，在泥河沟千年枣园里，家家都会打枣晾枣，使得院子里、窑洞上都是红彤彤的一片。当地最传统的红枣晾晒方式形成了很奇特的景象，那就是在村后悬崖上会隐隐出现一条条红线。那个悬崖因为亿万年的风化冲刷，形成了几条水平洼槽，阳光充足，而且可躲避雨水，是极佳的晾枣场，村民每年都会

岩石晒枣（武忠伟/提供）

在这里晾枣。村民将枣在这里放上一个冬天，让枣自然晾干，其中的水分被充分蒸发，成分也会因此发生转变，特别是糖分转化很充分，使得晾出的枣特别甜。但是这种晾枣方式，现在却越来越少使用了，因为把枣运到悬崖上很费力气，而且也还有些危险。现在村里多是留守的老人，大多没有力气再把枣搬上悬崖上了，所以都是就近在院子里晒晒。

❺ 加工和贮藏

古代对枣的加工方法很多，如古人常制枣油。《齐民要术》中提到了制枣油法："郑玄曰：'枣油：捣枣实，和；以涂缯上，燥而形似油也。'"把枣捣烂和匀，涂在绢绸上，干后像一层油膏，和现在的枣糕很相似。《元和郡县志》记载："信都县东北五十里，汉煮枣侯城，六国时，于此煮枣油。"说明此法已有2 000多年的历史，而且应用相当普遍。

枣还常与谷类一起制成枣米，在《群芳谱》上载有一种制枣米的方法："枣煮熟烂，将谷微碾去糠，和枣习作一处，晒七八分干，石碾，碾过再晒极干，收贮听用，临时石磨，磨细可作粥、作点心。任用纯谷、黍、稷、蜀术、麦面之类，俱可作。"

对酸枣的加工又有做酸枣麨法。《齐民要术》上记载："多收红软者，箔上日曝

令干，大釜中煮之，水仅自淹，一沸即漉去，盆研之。生布（未经煮练的麻布）绞取浓汁，涂盘上或盆中，盛暑，日曝使干，渐以手摩挲，取为末。以方寸匕（古时测容量的药匙）投一碗水中，酸甜味足，即成好浆。远行用和米麨，饥渴俱当也。"

佳县现有的传统枣制品主要有干制红枣和醉枣。干制红枣的加工方法主要有两种：一种是自然晾晒。红枣成熟收获后，利用石岩、院落、脑畔等大场地将鲜枣摊开，利用自然日光晾晒到半干后，装入篓、筐、筛里待售。收获红枣多的枣农，还会用桑条或沙荆条编制成专门晾晒红枣的箔

枣箔晾晒红枣（武忠伟/提供）

子，俗称枣箔。大的枣箔一箔可晾干红枣近1 000千克。这种自然干制的红枣存放时间长，吃起来柔软香甜。另一种是强制脱水，即将收获的鲜枣放于窖内热炕上，用高温将鲜枣中的水分蒸发出去。经过脱水的红枣（群众称"出水枣"），枣质已糖化，香甜可口，耐贮存。

醉枣，也称酒枣，是佳县特产。选红熟、个大、无伤残果，用白酒沾泡，置于瓷瓮中，密封腌制一个月左右即成。腌制好的醉枣色型如鲜枣，略带酒香，脆甜可口，备受消费者喜爱。此外，人们在传统枣产品的基础上，又开发出多款新产品，主要有无核糖枣、蜜枣、熏枣、枣酒、枣酱和枣饮料等，兹不赘述。

关于枣的贮藏，以丁宜曾的《农圃便览》（1755）记载较为详细："当八月处暑至白露间，新枣一才熟，乘清晨连小枝摘下，勿损伤，通风处晒去露气，用新缸无酒气者，清水刷净，火烘干，晾冷。净杆草晒干，候冷。一层草，一层枣，入缸封严，冬月勿致冻坏、伤热，可至新正充鲜品。"明末戴义的《养余月令》和清初的《广群芳谱》也都有类似的记载。

（三）实用的农业技术

❶ 枣树的繁殖

佳县枣树的许多个品种，是从实生变异中选育出来的，如要保持良种，则必须采用无性繁殖的方法。根据《齐民要术》上提到的"常选好味者，留栽之"，凡用实生育苗的，则称为"种"，说明当时已有分株繁殖技术。明邝璠的《便民图纂》中有："将根上春间发起小条移，候干如酒盅大，三月终，以生树贴接之，则结子繁而大。又法：选中好者于二月间种之，候芽生高，则移栽。"清汪灏的《广群芳谱》上有"分株，选味佳者，留作栽，候叶始生，取大株旁条二、三尺高者移种"。这些都说明枣树长期以来还是以根蘖分株繁殖为主，或用分株育成砧木，再用良种嫁接。同时，也不废除实生繁殖。古代也有用高压繁殖的，宋末吴怿的《种艺必用》提到"用竹筒破两片封裹之，则根立生，次年断皮截根栽之"。但在北方可能因天气干燥、温度低，所以没有推广开来。

古人还尝试用枣做砧木来嫁接其他果树，《齐民要术》中提到以梨在"枣、石榴上插得者，为上梨，虽治十，收得一、二也"。《种艺必用》也提到："葡萄欲其肉实，当栽于枣树之侧，于春钻枣树上作一窍子，引葡萄枝入窍中透出，至三年，其枝即长大，塞满树窍，便可砍去葡萄根，令托枣而生，便得肉食如枣。"虽然这些远缘嫁接不易成功，但由此足见古人的创造精神和精湛的技术应用。

❷ 枣树的栽培

在移栽枣树的时期上，《齐民要术》提出"候枣叶始生而移之"，又认为："枣性硬，故生晚，栽早者，坚垎，生迟也。"说明枣性耐旱，叶子发生得晚，移栽早的，土壤坚硬，萌芽反而较迟。现在的生产上，也是主张枣宜晚栽，符合枣树的特性。关于谚云"枣树栽后当年不算死"，明王象缙《群芳谱》载："如本年芽

未出，勿遽删除，谚云：枣树三年不算死，亦有久而后生者。"说明其地下部分的生命力相当强。

在栽植密度上，《齐民要术》上提出"三步一树，行欲相当"。古代一步为6尺，三步约为现在的5米（按：古尺1尺只有现在的26.67厘米，6尺就只有现在的1.6米，合三步即为现在的4.8米），并要求排列成行。

为了促进枣树结果，古代创造了"嫁枣"的技术。《齐民要术》上写道："正月一日日出时，反斧斑驳椎之，名曰'嫁枣'，不斧则花而无实，砍则子萎而落也。"意思是用斧的钝头在枣树干上交错锤打，如不锤打，就只开花不结果；如用斧砍，则幼果就会萎蔫脱落。这与现行的枣树环剥（北方称为开甲）是同一道理。但在嫁枣的时间上，《齐民要术》提出的是"正月一日日出时"，而《便民图纂》提出的是"端午日"，枣树在正月还处在休眠期，这时进行嫁枣作用缓慢，但还有促进花芽分化的作用，所以《花镜》上说在"正月一日""嫁枣""本年必花盛而实繁"，而在"端午日""嫁枣"则只能促进果实肥大。现代俗称的"内黄打枣尖，新郑砍枣竿"都在夏季，是与《便民图纂》一致的。"嫁枣"的原理，在古代已被推广到柿、李、石榴等其他树种，而采用的方法则又各不相同。

一般情况下，枣树开花多、坐果少。为了增加坐果，古代掌握了人工疏花以节约养分的技术。《齐民要术》上说："候大蚕入簇，以杖击其枝间，振去狂花，不打，花繁，不实不成。"是把"嫁枣"和"振击狂花"的技术结合起来进行的；《便民图纂》上此步骤"至花开"时进行，即认为枣树本身的物候期更为精确。

五

文化与创作

中国是枣的原产地，我国的红枣文化有着悠久的历史，它已经对人们的生活产生了重要影响。《诗经》这样说："八月剥枣，十月获稻"，水稻是南方农村的基本作物，而"枣"与稻并举，可见从古至今，国人便与枣结下了不解之缘，枣已经成为百姓赖以生存的主要作物之一。《战国策》载，苏秦曾对燕文侯说："北有枣栗之利，民虽不由田作，枣栗之实，足食于民矣"。早在2 000多年前，枣已被作为重要的木本粮食。

红枣文化历史悠久（武忠伟/提供）

重要的果品（伦飞/提供）

人们对红枣的利用，在最开始只是采食果腹，后来慢慢变成"选取好味者留栽"（《齐民要术》），最终通过品种上的历代演进，让枣成为人们非常喜爱的果品，其中的珍贵品种在明清时候就已成为给皇室的特别贡品。古代给王侯的进食之品、诸侯相互问候的用品，以及儒家"三礼"（即丧、葬、祭）中的用品都有红枣，

重要的未来粮食（伦飞/提供）

充分说明了枣的重要地位，形成了我国的枣文化。现代营养学研究证实，枣的含热量几乎与米、面相近，故可代替粮食。人们以枣强身，以枣治病，以枣果腹，以枣抒情，以枣改善生活环境，以枣发展经济。因而，人们对于枣树产生了深厚

的情感。枣不仅经济价值高，营养丰富，香甜味美，种类繁多，而且花形纤秀，色泽淡雅，特受百姓欢迎。因为枣子色红、花美，它又被认为是吉利之物。

佳县古枣园与当地居民的社会文化生活密切相关，与红枣相关的物质文化、风俗习惯、行为方式、历史记忆等文化特质及文化体系，已渗透到当地的传统生产、知识、节庆、人生礼仪等重大社会和个人的文化行为中。由此可见，陕西佳县古枣园农业文化遗产很好地传承了当地的传统文化，包括与该系统密切联系的农耕文化以及相关的乡村民约、宗教礼仪、风俗习惯、民间传说、歌舞艺术等，同样也很好地传承了当地的饮食文化、服饰文化、建筑文化等，有效地维持了当地传统文化的多样性，具有重要的文化传承价值。

在传承传统文化的同时，佳县也不失时机地抓住当前新的机遇进一步地将本地的传统文化发扬光大，让更多的人认识和领略千年古枣园所蕴含的丰富而悠久的历史文化。县委、县政府特别重视对千年枣园的保护和宣传，撰立了千年枣园碑记和"枣源"石碑，在泥河沟河滩的巨石和黄河峡谷的悬崖石壁上雕刻了

佳县农村宴席离不开枣（佳县旅游局/提供）

"枣韵千年"和"天下红枣第一村"的朱红大字，给千年枣树增添了新的文化韵味。佳县对红枣栽培的扶持以及对示范园区的建设等对统筹城乡一体化发展具有积极作用，对古枣园的开发与保护、红枣的栽培和研究做出了重大贡献，而科学的管理与保护也有效地促进了生态产业的持续发展和对传统文化的保护、传承与发展。泥河沟千年枣园记载了中国红枣的起源与发展，也记载了中国古代农业文明、中华文明和黄河文化的起源与发展，是一块不可多得的枣树"活化石"。它也正在成为佳县文化旅游的一大品牌，彰显了佳县红枣文化产业的蓬勃发展，受到世人越来越多的瞩目。

枣源碑记（刘某承/提供）

巨型石刻（武忠伟/提供）

（一）　文化与精神

　　年代久远的古枣树、古枣园自祖辈代代传承下来，融会了历史，见证了祖辈们在这片土地上的辛勤劳作，也承载着果农对其深深的依赖。古枣园是佳县的灵魂，见证着古城为适应贫瘠自然条件而百折不挠的发展历程，是精华的浓缩，具有深刻的历史意义和文化价值。其树遒劲的枝干、旺盛的生命力以及旱涝保收的特点，不仅让民众感受到其蕴含的历史厚重感，更增添了当地居民的归属感和荣耀感，使其成为一种精神寄托。

古枣园在贫瘠土地上撑起绿意（刘某承/提供）

（二）　文化与生活

　　佳县古枣园是当地居民在长期摸索下发明的一套行之有效的传统的枣园管理方法，是人类智慧的结晶、宝贵的财富和世界农业文化遗产的重要组成部分。金秋十月的佳县大地，枣儿红了，一颗颗红枣密密麻麻地挂满枝头，河湾沟岔，到处都是红彤彤的一派丰收的景象。正如诗人张元清在《游枣园有感》中写到的那

金秋十月，红枣成熟（佳县科技局/提供）

样："漫漫秋风夕照中，婆娑一树万珠红。小康园里人陶醉，又是秋来枣粮丰"。在收枣的现场，到处都是丰收的喜悦氛围。有的用木梯，有的用手爬，上了树的打枣的人会用专门的打枣竿勾住枣树枝，再用力一晃，那满树的红枣就纷纷落在地上了。树下的男女老少用硕大的箩筐来盛装这些果实，每个人的脸上都写满了丰收的喜悦。

打　枣（伦飞/提供）

收　枣（伦飞/提供）

　　人们把枣儿捡拾回家中，馈赠亲友，正像陕北民歌中唱的那样："大红枣儿甜又香，送给那亲人尝一尝。"嘴馋的孩子们兜兜里、书包里装的尽是红枣，边看书，边吃红枣，也挺有意思。枣儿真多，存放时间长了要霉烂，怎么办？把枣晒干。于是，在青青的石板上摊上一层红枣，让太阳暴晒，农妇一边晾晒红枣，

晒　枣（武忠伟/提供）

一边做针线活，还和邻居们拉家常，真所谓悠哉、乐哉！枣儿也可串成枣排挂在屋檐下阴干，阴干的枣儿既可储入囤内，也可远销各地。"有朋自远方来"时舀一碗红枣让客人品尝，这是枣乡人的一片情意。

《《《《周公解梦》中与枣有关的梦的解释 》》》

女人梦见枣，意味着斋戒。

商人梦见吃枣，生意会发展到国外。

病人梦见吃枣，不久会康复。

旅游者梦见吃枣，是凶兆，路上会发生车祸。

梦见枣的香味飘得很远，象征着扩大。

梦见枣，要出国门。

梦见吃甜枣，会勤俭持家。

梦见吃酸枣，是不祥之兆，会患胃病。

梦见仆人在干活儿时吃枣，意味着被降职，或被停职。

梦见卖枣，会成为当地最受欢迎的人。

梦见采集枣，也意味着生意的扩大。

梦见送给别人枣，因辛勤为人民服务，会得到人民的爱戴。

梦见别人给自己枣，则预示着自己的财产被别人占有。

梦见朋友送给自己枣，财产和自由都会被剥夺。

梦见到处都撒着枣，会和亲戚一块儿陷入困境。

（三）文化与景观

佳县位于黄土高原的黄河中断晋陕峡谷西侧，受到黄河的滋润，又选育了枣树这种耐贫瘠土地、耐干旱天气的"铁杆庄稼"。古枣园以顽强的生命力为干裂贫瘠的黄土高原披上了希望的绿色。

佳县远景（佳县旅游局/提供）

黄土高原上的绿海（佳县旅游局/提供）

092

　　佳县古枣群落树形奇特，尤其是上百年、上千年的古枣树更是"岁老根弥壮，阳骄叶更荫"，枝繁叶茂、果实累累，生长旺盛。有的挺拔高大；有的枝杈旁飞；有的盘根错节，藏龙卧虎一般；有的虽折枝断臂但伏地再生，无不成奇树怪木；有的咬住岩缝顽强屹立；还有的折腰地上依旧枝繁叶茂、郁郁葱葱。

佳县古枣群落景观（梁勇/提供）

红枣、绿树与黄土的混搭风情（佳县旅游局/提供）

春天杨柳吐绿抽枝发芽的时候，枣树沉默不语，直到炎热的夏天将要来临，它才开始吐露嫩绿，开出朵朵素淡小花，散发出沁人心脾的芳香，引来蜜蜂穿梭于枣林之中，辛勤地采酿香甜的枣蜜，供人享用。到了秋天，满树的枣果由绿变白、由白转红，在阳光照射下好似串串玛瑙，富丽堂皇、大放异彩。又有诗写道："风已过又秋分，打枣声宣隔陇闻，三两家十万树，田屋脊晒云红。"诗中枣丰收的景象让我们如闻其声，如观其景。

木头峪村是古民居，旧名叫浮图峪，也被叫作浮图寨，地处黄河中游、晋陕峡谷西岸，在佳县城南20千米外，建于被黄河冲积的滩地上。该村南北长3千米，东西宽1千米，总面积约3 200平方米；背靠着大山；它邻近黄河，古色古香，非常有文化特色，而且历史悠久，被誉为"典型民居""民俗文化村"。明清到民国年间，木头峪村非常繁荣；但后来这里的水运慢慢式微，木头峪村也随之衰落。但木头峪村浓重的书香气味、深厚的文化底蕴，在我国的村落中是难得一见的。

佳县传统民居（佳县旅游局/提供）

改革开放以来，佳县历届县委、县政府对发展红枣产业高度重视，始终把红枣作为主导产业来抓，从政策、资金、技术、项目等方面大力扶持。"十一五"末，佳县县委、县政府提出"东枣西移，建标准化枣园"的发展战略，使佳县红枣在基地建设的规模及标准上又上了档次，仅2010年就新建标准化枣园7万亩，改造低产枣园10万亩。新建的枣林在苍茫的黄土高原上挖出成千上万的鱼鳞坑，从山脚下蔓延到山顶，就像是一幅顶天立地的大壁画，形成壮观的人工景观。

新建枣林（佳县林业局/提供）

（四）文化与创作

历代诗词歌赋的赞美对象中都有红枣的身影。唐代的李颀就写过："四月南风大麦黄，枣花未落桐荫长。"宋代的张耒则写过："枣径瓜田经雨凉，白衫乌帽装。"其中的田园风光栩栩如生。清代李鲁也写过"添得枣林路歧，行道是旧西溪"的诗句，充分描写出了枣园的独特风光。

《《佳县红枣赋》》

千年山城，雄尊西北，岁月峥嵘，维我葭州。天地垂青，故得上品，诚为中国红枣名乡，陕西红枣第一大县。曰红枣者，百果之王，木本粮食也。佳县红枣，枣中极品，天下独绝，誉满八方，其名副焉。曾得毛公评说：佳县红枣就是好。诚哉斯言，何处之枣，媲于斯也。

枣产中国，佳县尤是。先民栽培，古已有之，史载北魏，自兹日盛。城北一地，大河西滨，遥指"天下红枣第一村"，惊现泥河沟千年枣园。自然赏赉，泽惠方圆，阅历史之兴衰，历风云之际会。嗟呼！足有一百余株，均已一千余年矣，至今枝叶茂，硕果累，誉之以"活化石"是相当矣。其一株者，迩来一千三百余载矣，干超三米，年产百斤，冠以"千年枣树王"，录入"中国枣树志"。时维今日，群贤毕至，少长咸集，考其究源，此地堪为中国红枣发源地之一，世界最大千年枣树群。由是观之，余以为是也。

枣乡佳县，山川锦绣，方域两千，蔚为壮观。身无一尺直，枝无一条正，盘根错节，生性顽强，唯枣树是也。君不闻，南区、北区、中区，区区枣为主产；油枣、木枣、团枣，枣枣品质绝佳。漫山遍野，枣林成片，风景靓丽，一览纵横。檐前屋后，尽是摇钱树；坡左路右，皆为致富枝。红枣栽培面积，居全省之首，有机红枣面积，占全

国第一；三百公斤，亩产之多，两千余元，人均之收。是以，规模可喜，效益可观。

一曲《东方红》，红了佳县；一颗大红枣，天下红了。佳县大红枣，天然维生素丸也，个大核小，肉厚皮薄，色鲜味甜。下果时肉脆香甜，晒晾后肉软甜润，美味佳肴，君其飨之，春华秋实，生命使然。五月枣花开，沐光引蝶以孕果；尔后小枣现，味嫩嚼涩似青豆。白露时令，半青半红伴知了；寒露前后，缀满枝头红透天。是时，放眼四处，大山之间，枣林连绵，勃勃生机，枝叶缝内，珍珠镶嵌，粒粒结实。尤以黄河滩枣为最，学名木枣，素称"人参果"，色黑红而亮泽鲜艳，形椭圆而硕大饱满，甘美醇香，品质优良，沿黄而生，母乳滋养，滩枣之乡，由此来之。

文化高原，枣产佳县。古有葭州"酒醉贡枣"以献皇帝，今有佳县上等"蜜果"来宴宾朋。干鲜可食，药食兼用。《诗经》有言：园有枣，其实可食。《战国策》曰：北有枣栗之利，足食于民。佳县红枣，性温味甘，健脾益胃，养血安神，治病强身，实乃一味良药也。古有民谚：北方大枣味有殊，既能益寿又养躯。史书有载：佳州大红枣，入药医百病。至若五谷加红枣，胜似灵芝草，一天吃仁枣，一生不会老，更是养生吉祥果、女性美容丹。

特产佳县，闻名全国。首获国家有机红枣认证，喜得国家绿色食品认证，又添国家地理标志认证，更揽国家生产基地称号。集黄河之蕴，纳黄土之怀，承陕商之脉，扬诚信之本，佳县红枣，有机种植，上乘品质，近售称道国内，远销享誉海外。益民、天一，实力强劲，颇具声名；东方红、满山红，明珠要辉，久负盛名。客商蜂拥而至，订单纷至沓来，枣企竞相创办，烤炉雨后春笋，筑巢引凤，规模日增。

枣业强县，兴枣富农，政通人和，全民共建。先哲前贤导航程，民本政府力践行，强规划，兴建设，重管理，树服务，红枣产业飞速壮大，创业创富亦张亦驰。红枣文化节，品佳县红枣，领略陕北风情；红枣研讨会，聚万家之言，共襄枣业发展。东枣西移，百万亩红枣基础，大有规模；官民协力，有机红枣第一县，实至名归。千年枣林申遗，亟待努力，红枣品牌宣传，不遗余力。

噫吁唏！锦绣中华，红枣佳县，赋以赞之，歌以咏之。愧无生花妙笔，赖有热忱满腔，余生斯邑甚幸焉，一纸一笔，一知己，足矣。

（康亮亮）

同时，当地群众在劳动生活中，将对红枣的喜爱融入富有区域特色的文化艺术活动之中，比如年画、剪纸等。

年　画（佳县旅游局/提供）　　　　　　佳县剪纸（佳县旅游局/提供）

民间年画俗称"喜画"，旧时人们盛行在室内贴年画、户上贴门神，以祝愿新年吉庆、驱凶迎祥。年画是中国民间最普及的艺术品之一，每值岁末，很多地方都有张贴年画、门神以及对联的习俗，以增添节日的喜庆气氛。年画因一年一换，或张贴后可供一年欣赏之用，故称"年画"。

年画是中国民间美术中非常重要的艺术门类之一。在早期，年画的内容是自然、崇拜和神祇信仰，后来还加入了驱邪纳祥、祈福禳灾和欢乐喜庆的内容，成为节日里装饰美化环境的重要风俗物品，以表达人们的情感和对美好生活的向往。年画在我国有悠久的历史，而且有较多的产地，并因其通俗而广泛流行，拥有了大量的欣赏者，得到了颇为兴盛的发展。我国的年画无论在题材内容、刻印技术还是艺术风格等方面，都有自己鲜明的特色。年画对民间美术产生过深远影响，而且与其他绘画相互融合，形成了一种成熟的画种，实现了雅俗共赏。

剪纸是中国民间艺术中的瑰宝，它源远流长，已成为世界艺术宝库的重要组成部分。剪纸作品质朴、生动有趣，表现出了超凡的艺术魅力。剪纸艺术表现了空间

观念的二维性，具独特的刀味纸感、线条与装饰，表达了多重的写意与寓意。

剪纸有各种各样的图案，如窗花、门笺、墙花、顶棚花、灯花等。剪纸的产生和流传与中国农村的节日风俗有着密切关系，逢年过节抑或新婚喜庆，人们就会把各式各样的剪纸贴在墙上或玻璃窗上、门上、灯笼上等，使得节日的气氛更加浓郁喜庆。

剪纸起源于古人祭祖祈神的活动，凸显了中国传统文化的博大精深。在两千多年的发展中，剪纸与彩陶艺术、岩画艺术等艺术相互交织，相互借鉴，浓缩了汉文化的传统理念，递延着中华民族的人文精神，成为传统文化的一个重要部分，是传统信仰的缩影，也是观察民俗文化的窗口。

中国传统女性都要学习做女红，剪纸则是女红的必修技巧。她们一般从前辈或姐妹那里学习剪纸的花样，通过临剪、重剪、画剪，描绘自己热爱的自然景物、鱼虫鸟兽、花草树木、亭桥风景。

《《有关枣的成语》》

（1）囫囵吞枣

释义：囫囵，指整个儿。把枣整个咽下去，不加咀嚼，不辨滋味。比喻对事物不加分析思考。

源于宋代朱熹的《答放顺之书》，又见于元代白珽的《湛渊静语》。据说，有一个医生喜欢向别人介绍水果的吃法。有一次，他向人们介绍生梨和枣子的特点时说，吃生梨对人的牙齿有好处，但是对人的脾脏却有害；吃生枣则恰恰相反，对人的脾脏有好处，但对人的牙齿有坏处。这时，旁边有个人自作聪明地说："我有一个好办法，可以解决这个矛盾。"人们听后都非常吃惊，询问他有什么方法，他得意洋洋地说："吃梨时，只用牙齿咀嚼，不吞下去，这样不但足以使生梨对牙齿起到保护作用，而且又能避免对脾脏造成损伤；吃枣时不用牙齿咬，囫囵地吞下去就是了，这样既可以使枣儿对脾脏有好处，又不会伤害牙齿。"医生听了反问道："把枣儿囫囵吞下去能消化吗？对人的脾脏有好处吗？"这个自以为是的人听了以后无话可说。后来，人们用"囫囵吞枣"来形容读书或做事不求甚解、不加分析研究、死记硬背、生搬硬套的做法。

宋·圆悟禅师《碧岩录》卷三："若是知有底人，细嚼来咽；若是不知有底人，一似浑仑吞个枣。"

又作鹘仑吞枣、浑沦吞枣、浑抡吞枣。

（2）让枣推梨

释义：指小儿推让食物的典故。比喻兄弟友爱。

孔融是后汉时的著名文学家，"建安七子"之一。他从小就聪慧过人，而且品德很好。《后汉书·孔融传》李贤注所引《融家传》记载他"年四岁时，每与诸兄共食梨，融辄引小者。"说的是这样一则故事：孔融兄弟七人，他排行第六。他从小就表现出自然的天性，四岁的时候，就懂得礼让。有一次，大家一起吃梨，孔融选了一枚个头较小的梨，而把大梨留给其他兄弟。父母亲问他："你为什么不拿那些大梨呢？"孔融回答："我年龄比他们小，理应要小一点的，大梨应该留给哥哥们吃。"

《梁书·王泰传》则记载"年数岁时，祖母集诸孙侄，散枣栗于床。群儿竞之，泰独不取。"说的是这样一个故事：南朝梁时人王泰小时候也是个聪明有悟性、懂礼貌的孩子。在他仅几岁的时候，他的祖母把自己所有年幼的子孙们叫到一起，把许多红枣、栗子倒在床上，让他们随便拿着吃。结果，这群小孩抢的抢，夺的夺，乱成一团。唯独王泰不参加这种争抢。亲戚们都赞赏他有礼貌和有礼让他人的品德，认为他长大后必定有出息，是个奇特的人才。

后来，人们便用"推梨让枣"形容对兄弟姊妹礼让友爱的好品德。

（3）羊枣昌歜

释义：曾皙嗜羊枣，楚文王嗜昌歜。比喻人之癖好。

羊枣，亦称"羊矢枣"，为果名。君迁子之实，长椭圆形，初生色黄，熟则黑，似羊矢，俗称"羊矢枣"。昌歜，又称昌菹，是菖蒲根的腌制品。古以飨他国之来使，以示优礼。传说周文王嗜昌歜，孔子慕文王而食之以取味。后以指前贤所嗜之物。

明·吕坤《答孙月峰书》："吾辈若不叛孔子，即博涉此书，为羊枣昌歜，有何不可？"

（4）嗜胆嗜枣

释义：嗜，爱好。喜欢吃苦胆，喜欢吃酸枣。比喻人有某种特殊的爱好。

北齐·刘书《刘子·言苑》："艾士嗜胆，曾皙嗜枣，胆苦枣酸，全贤甘之，与众异也。"

（5）仨瓜俩枣

释义：北方口语，比喻微不足道的一点东西，或指有限的一点钱。

（6）付之梨枣

释义：梨枣，旧时刻书多用梨木枣木，古代用之称书版。指刻版刊印书籍。

清·蒲松龄《聊斋志异·段序》："然欲付梨枣而啬于资，夙愿莫偿，恒深歉怅。"

唐浩明《杨度》："倘若今后遇有机会，能付之梨枣，得以在世上流播，那我将衔环结草以报。"

（7）拔葵啖枣

释义：拔人家的菜蔬，偷吃人家的枣子。比喻小偷小摸。

唐·独孤及《唐丞相故江陵尹御史大夫吕諲谥议》："阖境无拔葵啖枣之盗，而楚人到于今犹歌咏之。"

（8）祸枣灾梨

释义：旧时印书，多用枣木梨木刻板。比喻滥刻无用的书。

清·纪昀《阅微草堂笔记》卷六："至于交通声气，号召生徒，祸枣灾梨，递相神圣，不但有明末造，标榜多诬，即月泉吟社诸人，亦病未离乎客气矣。"

（9）交梨火枣

释义：道教经书中所说的"仙果"。

《真诰·运象二》："玉醴金浆，交梨火枣，此则腾飞之药，不比于金丹也。"

六

保护与发展

佳县气候十分干旱，粮食时常歉收，这时红枣就成为民间百姓的"救命粮"。同时，佳县古枣园的生态功能突出，文化传承源远流长，而且保留了丰富的红枣遗传资源，对于促进未来枣产业的发展也具有重要的价值。

佳县红枣产业发展前景广阔（佳县林业局/提供）

　　红枣历来都是佳县贫困地区农民脱贫致富奔小康的一项支柱性产业。然而，随着社会经济的快速发展，佳县当地群众也有着快速脱贫致富的需求，而古枣园的比较效益较低、增收相对缓慢，这成为制约其可持续发展的基本矛盾。因此，系统开展古枣园的动态保护、适应性管理和可持续利用，不仅可以保护当地的古枣树，保留重要的种质资源，更好地保护当地的自然生态环境，维护黄土高原及黄河下游地区的生态安全，同时可以提高佳县红枣的知名度，促进红枣产业的合理有序发展，进而带动佳县社会经济发展，实现人与自然的和谐，推进生态文明建设。

古枣园亟待保护（梁勇/提供）

（一） 保护与发展的意义

❶ 保护生物多样性和维持生态系统平衡

佳县红枣不仅是当地居民的重要经济作物和生计来源，还对地区自然环境和生物多样性的保护与生态系统平衡的维持起着举足轻重的作用。古枣群稀疏的植株为其他物种的间作提供了生存空间，繁茂的枝叶为喜阴植物的生存创造了宜生环境，于坡度生态区的种植缓和了水土流失问题，高大的树干和郁密的枝条是"天然蓄水库""防风保障屏"，凋落的树叶增加了土壤的有机含量、改善了土质、提高了土壤肥力。

❷ 推动农村文化建设

党的十七届六中全会做出的《中共中央关于深化文化体制改革推动社会主义文化大发展大繁荣若干重要问题的决定》中提出，"建设优秀传统文化传承体

文化宣传（佳县旅游局/提供）

系""加强对优秀传统文化思想价值的挖掘和阐发，维护民族文化基本元素，使优秀传统文化成为新时代鼓舞人民前进的精神力量。"对佳县古枣园的保护与发展，既是贯彻十七届六中全会精神，促进佳县农业农村文化大发展、大繁荣的重要举措，也是对地方政府在发展战略中提出的建设民族文化示范县的重要载体的落实，必将促进佳县人民群众进一步重视、保护和传承农业文化遗产。

❸ 促进现代农业的发展

古枣树群落中蕴含着丰富的生产经验、传统技术和人与自然和谐发展的思想，有许多先进的理念可以为现代农业发展提供借鉴和参考。佳县古枣园的保护与发展，将促进当地农民众对于传统知识和管理经验的更好认识，并运用这些知识和经验来应对现代发展中所面临的挑战，实现对传统文化的传承与创新的结合，增强佳县现代农业发展的全面性、协调性和可持续性。

❹ 带动遗产地农民的就业增收和推动当地经济社会的发展

利用千年古枣园这一农业文化遗产品牌，开发古枣园相关产品，既可以提高产品的市场竞争力和知名度，也有助于提高农民的收入。同时，随着多功能农业的不断发展，红枣相关产品可以融入旅游业中，既丰富了旅游业的发展内涵，也为农业文化遗产的宣传和保护拓宽了渠道，进而促进地方经济的发展。

红枣产品（梁勇/提供）

红枣致富（刘某承/提供）

（二） 保护与发展的基础

❶ 优势

佳县的自然气候适宜枣树生长。枣树在不同发育期对光、热、水的条件要求不同，若达不到则会使得品质下降，而佳县各时期的自然气候条件完全符合优质红枣生长、发育、成熟的要求。

（1）**枣种质资源丰富**　佳县古枣园系统包括3个酸枣品种群和13个枣品种群，为优良枣品种的选育、杂交以及未来枣产业的发展奠定了坚实的基础。

（2）**营养药用价值高**　据山东大学药学院通过对千年红枣的活性成分及药理作用的分析，千年红枣有安眠、减肥、防治心血管疾病、抗癌和抗艾滋病、安神益气养颜、养肝护肝、抗疲劳、抗过敏及变态反应、清除氧自由基素等药理作用。

（3）**有一定规模生态标准认证**　佳县红枣果实色泽深红，形状椭圆，个大、皮薄、肉厚、核小，风味甜润，含糖量适中，是驰名中外的传统名特产品。从2003年起，它陆续通过绿色食品、有机食品以及日本农林水产省JAS认证等。

有机生产基地（刘某承/提供）

（4）**政府重视**　自2001年以来，佳县政府把红枣产业列为全县经济发展的主导产业，按照产业化、工业化的理念，抓红枣产业，使全县红枣产业得到了长足的发展，基地建设初具规模，加工企业不断增加。

❷ 劣势

（1）**老枣园面积居多，枣树品种结构不合理，市场竞争力弱**　佳县的枣树栽植历史悠久，有60%面积的枣树是在改革开放之前所栽，这些枣树大部分为老枣树，挂果率低，品质差，商品率低，经济效益欠佳，亟须进行低产改造。

（2）**科技投入不足，枣园管理水平参差不齐**　由于投入有限、科研力量不强，枣园在品种培育、枣树栽培、红枣加工等各个环节存在问题。此外，受到农民自身文化水平的影响和外出务工的冲击（枣农多是留守老人），较多枣农掌握使用新技术的水平较差，多数枣农重栽枣、轻管护，新技术推广普及率低，单产水平低，优枣率下降。

（3）**有机红枣基地建设缓慢，经济效益未能有效实现**　佳县正常年份生产有机

基础薄弱（武忠伟/提供）

红枣1.5万吨，而2008年实际作为有机红枣销售的仅有150吨，成功申办有机红枣加工的企业只有2家，这与全县6万亩的枣树栽植面积和产量相比，所占比例太小。

（4）**基础条件薄弱影响红枣产业发展**　受恶劣自然条件和区位偏远的影响，主产区面临交通不便、灌溉条件落后和信息不灵等诸多问题，它们严重影响着红枣的生产、运输、加工和销售，直接制约着红枣产业的发展。

（5）**发展盲目，轻管护**　由于缺乏深入细致的市场调研和技术经济分析，没有进行科学有效的指导，佳县在枣园发展的规模、速度特别是引种方面存在很大盲目性，重发展轻管理、重成龄结果树轻幼树、重数量增加轻质量提升的现象十分严重。

❸ 机遇

入选全球重要农业文化遗产（GIAHS）及中国重要农业文化遗产（China-NIAHS），对佳县古枣园保护、文化传承和红枣产业发展是一个难得的历史机遇。目前，被列入农业文化遗产对地区发展产生了良好的促进效应，农业文化遗产的多功能价值以及GIAHS品牌已经得到国际社会的广泛认可，为中国的GIAHS相关产品开拓国际市场、吸引国际投资提供了重要机遇。特别是2012年农业部开展中国重要农业遗产发掘工作，为中国珍贵的农业文化遗产的保护与发展提供了宝贵机遇和广阔平台。

CIAHS牌子

中国重要农业文化遗产授牌照片

（1）广阔的国内外市场　目前，全世界只有部分国家有少量红枣栽培，中国是世界上唯一的红枣出口国，枣产量占世界枣总产量的1/3以上。在相当长的一段时间内，我国在世界红枣生产和贸易中占有绝对统治地位。从市场需求看，现有产量远不能满足需要。

先天环境良好（刘某承/提供）

（2）食品安全受到空前关注使佳县有机红枣迎来历史发展机遇期　佳县空气新鲜、水质好、工业污染极轻，加之佳县大枣营养丰富、用途广泛，发展绿色和有机枣产品具有得天独厚的条件。通过品种提纯复壮和提高产品质量，大幅度提高优质产品比例，佳县大枣的市场潜力和增值空间巨大。

（3）政府的有力支持　我国目前进行大规模农业产业结构调整的基本思路是大力发展畜牧业，加强果蔬业，稳定粮食生产，而在果品中则强调要大力发展特色果品和小杂果。枣树作为一种适应性强、栽培管理容易、比较效益高、市场前景好、干鲜兼优的特色果树，其发展符合国家农业产业结构调整政策。

❹ 挑战

佳县古枣园农业文化遗产的保护与发展，也面临着巨大的挑战。主要表现在以下几个方面：

（1）农业文化遗产的保护与发展是一项综合性的长期工作　农业文化遗产的保护与发展，涉及农业、环保、旅游、文物、质监等多个部门，遗产地农产品的生产程序复杂、质量要求高，对工作人员的协调配合、监督检测等能力提出较高挑战。

（2）对古枣园多功能价值的认知不够　由于科研投入不足而缺乏系统研究，政府和群众对古枣园的多功能价值的认识还很不足。红枣产业的发展还停留在对红枣的产品开发上，对于古枣园的历史价值、文化价值、生态价值等相关产品开发和产业发展有很大的提升空间。

（3）抵御和防范自然灾害的能力弱　影响红枣生产的自然灾害主要有病虫

害、阴雨天和冰雹等，特别是秋季红枣成熟期如遇连续阴雨天气，会给红枣生产带来毁灭性灾难。如何规避风险，提高抵御风险的能力，有待于佳县全体农业从业人员的共同努力。

（4）发展观念的制约　受经济效益的驱动，现代农业技术不断冲击着传统的农业生产方式，使得快速追求经济效益与发展生态农业见效周期长之间出现矛盾。砍伐老枣树、破坏古枣园、种植新品种枣树虽然在短期可以获得直接的经济增长，但是却摧毁了佳县宝贵的枣种质资源，破坏了古枣园承载的历史价值和文化价值，长期来看是得不偿失的。

（5）投入保障机制不健全　受比较效益理念的影响，枣农在各方面的投入不足。一是枣农投资积极性不高。之前连续几年秋雨连绵，使红枣裂变腐烂，导致枣农收入甚微，严重挫伤了枣农栽枣、务枣的积极性。二是加工企业效益水平低。这直接影响其资本集聚能力和对先进生产技术的引进，扩大再生产投入严重不足。三是政府财力困难投入不足。县经济发展缓慢，财力困难，持续大力投资红枣产业力不从心。四是银行融资渠道不畅。近几年，因商业银行改革和经营策略的变化，各商业银行对红枣产业的信贷资金投入不仅没有增加，反而呈逐年减少趋势，多数红枣加工销售企业靠民间高利贷维持生产经营，举步维艰。五是枣业保险滞后。红枣产业抗御部分自然灾害的能力较差，春季常遇病虫危害，夏季少雨则落花落果，秋季多雨则裂果霉烂。枣业保险业滞后，没有风险补偿做后盾，直接影响枣农资金投入和银行贷款的投入，严重影响红枣产业的持续快速发展。

（6）市场开拓步伐缓慢　佳县古枣园发展的根本希望和制约点都在市场，包括国内外枣产品市场当前的容量和对未来市场的开拓水平，而近几年市场开拓严重滞后。佳县古枣园系统的枣产品国际市场一直局限于华人圈，主要原因是蜜枣、醉枣等传统产品不符合非华人的消费习惯，而以营养见长、具有巨大市场需求的鲜枣和功能性枣食品还没有真正打出去。枣生产、加工企业的规模偏小，市场开拓和竞争能力不够，消费者对枣产品及其食疗保健价值的了解也远未到位，没有充分调动起市场需求的快速增长。而品种更新速度慢、品种结构不合理的现状，也不能满足一个迅速变化又多样的市场的需求。鲜枣供应和功能性枣食品开发等方面的技术，也滞后于生产实际和市场需求。

（三）保护与发展的策略

针对佳县古枣园的现状、存在的问题和未来发展趋势，保护和发展古枣园要抓住历史机遇，开拓市场、做强企业、改造农民、完善政策、发展科技。

❶ 总体目标

依据联合国粮农组织（FAO）和农业部提出的全球重要农业文化遗产与中国重要农业文化遗产的动态保护和适应性管理的理念，用10年左右的时间将佳县古枣园系统建设成红枣产业生态发展的示范基地、黄土高原红枣文化的展示窗口、农业文化遗产管理的优秀试点。

以古枣园的动态保护和红枣产业的可持续发展切实带动区域农民增收、环境优化、生物多样性的维持、传统文化和经典技术的传承与发展；加强对生物多样性、水资源和水环境的保护，防风固沙和土壤肥力维持，种质资源保护与利用，培育优质农业品种、拓展产业链条、强化品牌建设，进一步开拓市场、发展生态文化旅游，将农业文化遗产转化为现实中的生产力；增强地方政府对农业文化遗产的管理能力和对红枣生态产品的开发能力，以及社区参与管理的能力；提高区域内公民的文化自觉。

❷ 保护与发展的原则

（1）保护优先、适度利用 对佳县古枣园的保护与发展应致力于解决佳县红枣生产中存在的古树缺乏保护、古枣园管理粗放、古枣品种老化、红枣生产技术和加工工艺落后、产业发展缺乏品牌化等问题，注重协调当地群众致富的迫切性与古枣园保护的长期性之间的矛盾，注重对古枣园的动态保护与遗产地的社会经济的可持续发展。其中，古枣园是其之所以成为农业文化遗产的根

本、依托与具体表现，红枣产业的可持续发展是有效促进保护的必要措施，也是保护古枣园和栽培、加工方式的目的之一。保护是为了更好的发展，发展是积极的保护。因此，保护是第一位的，但发展也是不可或缺的。当前，社会经济快速发展，遗产地因为相对落后而有迫切发展的诉求是非常正常的。关键是寻找保护与发展的"平衡点"以及探索后发条件下的可持续发展道路。

（2）整体保护、协调发展　佳县古枣园是古枣树、古枣园与当地世居农户在长期的历史进程中融汇自然、枣园与文化的生态—文化复合体，不仅包括古枣园本身，还包括与之相关的生产技术、传统知识、整体景观、文化风俗、历史记忆等，是一个复杂的社会—经济—自然复合生态系统。因此，对佳县古枣园的保护，不仅包括对古枣树、古枣园的保护，更涉及有关红枣的传统栽培和加工储藏的知识和技术，以及生态环境和自然与文化景观；佳县红枣产业的发展也是系统各组分之间的协调发展，不是罔顾生态环境、文化传承、整体景观乃至古枣树群落的单纯的经济开发和增长。

（3）动态保护、功能拓展　佳县古枣园的功能不仅表现在能提供红枣及附属产品，还具有重要的生态价值、文化价值和科研价值等。农业文化遗产强调的是在农业生物多样性和农业文化多样性基础上的功能拓展，以提高系统效益和适应能力。佳县古枣园是千百年来当地群众适应黄土高原特殊生态环境不断演化而形成的，对其保护也不应是简单的保存。农业文化遗产强调的是"动态保护"与"适应性管理"，既反对缺乏规划与控制的"破坏性开发"，也反对僵化不变的"冷冻式保存"。

（4）多方参与、惠益共享　佳县古枣园的保护与发展涉及当地群众的根本利益，同时涉及当地政府的多个部门，需要枣农、企业、政府等社会各界的积极参与和全力支持。保护措施、发展措施、保障措施以及能力建设措施，都需要依靠社会各界来执行和实施。实际保护工作中存在古枣园多、品种繁杂、古树缺乏保护、古枣园管理粗放的问题，同时佳县红枣产业的发展也存在基地大、生产技术和加工工艺落后、市场营销缺乏的问题。因此，保护与发展措施需要在分析古枣园及红枣产业发展的现状与特点的基础上，充分考虑当地群众致富的迫切性与古枣园保护的长期性之间的矛盾，强调社会各界的支持和广泛参与，建立惠益共享机制，以提高参与保护的积极性和发展利益分配的公平性。

❸ 功能区划分

作为一个农业文化遗产单位，佳县古枣园包括黄河沿岸红枣种植密集区，涉及螅镇、康家港乡、坑镇、木头峪乡、佳芦镇、朱家坬镇、刘国具乡、大佛寺

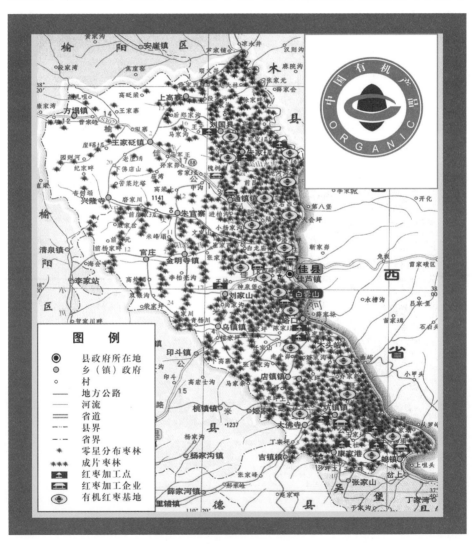

佳县红枣分布示意图

乡、店镇、乌镇、朱官寨镇、通镇、上高寨乡等13个乡镇及峪口、刘山2个行政服务中心。可以划分为以下几个功能区：

（1）古枣园保护区　保护区主要为朱家坬镇泥河沟村，位于佳县城北20千米的黄河西岸与车会沟的交汇处。保护对象为佳县朱家坬镇泥河沟村的千年古枣园。

（2）红枣生产示范基地　包括螅镇、康家港乡、坑镇、木头峪乡、佳芦镇、朱家坬镇、刘国具乡等7个乡镇及峪口、刘山2个行政服务中心，目前枣林已基本覆盖辖区全部面积。

（3）红枣生产辐射区　包括大佛寺乡、店镇、乌镇、朱官寨镇、通镇、上高寨乡等6个乡镇，目前辖区内近半面积已被枣林覆盖。

（4）红枣加工基地　在目前的红枣加工企业和加工点的基础上进行整合，构建南北两大红枣加工基地。

（四） 保护与发展的措施

❶ 生态环境保护

（1）县林业及科技部门牵头，各乡政府配合，在全县范围内进行酸枣和红枣品种资源调查；每两年进行一次全县范围内的枣产品种质资源抽查，形成对种质资源的定期监测。对县境内种质资源进行收集、认定，形成实物和电子数据库，选取优质枣产品种资源进行开发利用。

（2）通过枣粮间作和林下立体种养的恢复以及对有机红枣基地的建设，总结并推广枣粮间作、林下立体种养模式以及"枣、核桃、山杏模式"或"枣草（药）间作模式"等，减少化肥农药的使用，保持和恢复生物多样性。

（3）朱家坬镇政府牵头，县林业、农业、畜牧部门配合，建立红枣生态种养殖示范基地，保留和应用传统民俗和环境友好、资源节约型栽培技术，实行配方施肥、周年修剪、保花保果，坚决杜绝喷洒高毒、高残留农药，引进农业防治、物理防治和生物防治等新技术。

水保工程建设（佳县林业局/提供）

（4）县水利及林业部门牵头，各乡政府配合，进行水利设施及相关工程建设，包括深水平沟工程建园、荒坡石洼垒石造田栽枣、节水灌溉等工程。

（5）县科技部门牵头，县林业、农业、畜牧部门及朱家坬镇政府配合，联系研究红枣品种选育、栽培植保、加工储藏的大专院校和科研单位，共建红枣生态种养殖科研基地。

（6）县林业、科技部门牵头，各乡政府配合，开展生态监测体系建设。设立生态监测的技术机构，综合协调各部门和各地区的生态监测工作，与中央或省级有关科研单位合作建立生态系统定位观测研究站，长期监测和跟踪研究黄河滩地、坡地枣林生态系统的结构、功能、动态和物流、能流、信息流过程。

❷ 古枣树、古枣园及枣文化保护

（1）县文广部门牵头，科技、林业、农业部门配合，充分利用多种媒体和形式，宣传和普及古枣园系统农业文化遗产的相关知识，营造全民参与古枣园系统农业文化遗产保护与发展的浓厚氛围。

（2）县林业和文物部门牵头，各乡政府配合，进行对百年以上古枣园和古枣树的普查工作，建立完整的数据库；对千年以上古枣树进行挂牌、围栏保护，对百年以上枣园、古枣树进行挂牌保护；采取一般养护与特殊养护相结合的办法对古树名木开展针对性保护，包括设置标识、加固和复壮、对古树周边生态环境进行监测与保护、建设围栏、防治病虫害，对树冠和根部蔓延范围内的建设工程控制等。

古枣树围栏保护（刘某承/提供）

（3）县林业、农业、文广部门牵头，各乡政府配合，开展对枣树相关传统知识和技术的挖掘工作，深入挖掘整理古枣园的历史及其变迁、沿革脉络，挖掘古枣园选址、红枣品种培育、栽培植保、加工储藏等方面的传统知识和技术；申报2～3项非物质文化遗产。

（4）县发改、建设、文广、科技部门牵头，进行佳县枣文化博物馆建设工程，分设中国枣资源及枣文化、佳县枣资源、佳县枣文化以及佳县古枣园系统农业文化遗产展览室（博物馆）等，将其建设为集文化展示、红枣旅游、科普宣传、技术培训等功能为一体的基地。

（5）县政府、林业、科技部门牵头，启动红枣文化节工程，将红枣节庆文化、传统民俗、民间歌舞、特色食品等进行集中展示，可结合产品展销、学术研讨、旅游宣传等多个主题共同进行。

（6）县科技、文广部门牵头，林业、农业部门配合，整理出版《佳县古枣园农业文化遗产》系列丛书，全面、系统、多方位地反映文化的传承、保护、发展与取得的成就，使之成为佳县红枣对外和对内宣传的一张名片。

❸ 景观保护

（1）县林业和文物部门牵头，各乡政府配合，开展对古枣园的普查及保护工程，建立完整的数据库；对古枣园进行挂牌保护和园区恢复。

（2）在保护区泥河沟村及红枣生产示范基地，由各乡镇牵头，县文广和农业部门配合，恢复传统晾晒红枣方式。其中，河沟村要达到100%按传统方式窑洞晾晒红枣；红枣生产示范基地实现50%按传统方式晾晒红枣。

（3）县环保、农业及各乡镇牵头，配合新农村建设，进行农村环境卫生治理工程。枣园及庭院要干净整洁、无乱堆乱放、无油腻污迹，家禽家畜应进行较大面积围养；村落道路要整洁，无污水横流，垃圾定点堆放、定时清运、集中处理；农户房屋各类设施、牌匾、标志牌等应干净整洁、无错别字；实现重点乡镇（村落）生活垃圾的分类收集，建设健全垃圾储运系统；建设垃圾处理厂；提高生活垃圾无害化处理水平。在粪便处理技术、再利用途径等方面进行指导，鼓励养殖户对畜禽粪便进行循环利用。积极扶持以金沟农业发展有限公司为代表的现代新型"养殖+农业"生产模式，从横向产业类型拓展、纵向产业链延伸两个角度共同构建区域大农业生产的循环、可持续发展模式。

（4）县建设、农业及各乡镇牵头，配合新农村建设，进行百年以上窑洞民居的普查工作，建立完整的数据库；对窑洞进行挂牌保护和恢复工程，有条件的地方可申请进入由住房城乡建设部、文化部、国家文物局、财政部联合审批管理的"中国传统村落"名录；进行传统窑洞民居恢复工程，在农村建设中充分保留、修缮和恢复传统的村落形式，体现地方或民族文化特色；选取1~2个传统村落，将其以博物馆或旅游景点的形式进行修缮、维护和开发。

❹ 生态产品开发

（1）**生态产业发展是农业文化遗产地以农为本的根本发展思路**　在遗产地已有资源基础上，要大力发展生态农业，形成以农产品为基础的生态产业链条，切实带动区域经济发展和农民增收致富。应加快品种和产品结构调整的步伐，做大做强鲜食枣产业，提高制干品种规模与治理力度；大力开展传统枣产品改造升级和功能性食品开发，实现产业深层增值；着力培育区域性和国际性龙头企业（包括营销企业和中介企业），全力开拓国际市场。

（2）**强化生态农产品开发**　应发展多种类型的枣类农产品及其深加工产品；在现有生态产品生产基地的基础上，选取合适地点，以绿色无公害为基本起点，在全县范围内大规模新建不同层次的生态产品生产基地；进行国内外不同标准的生态农产品认证；充分利用佳县在全国率先获得有机红枣认证和被批准为全球重要农业文化遗产和中国重要农业文化遗产的机遇，充分利用"西洽会""农高会"、中央电视台和省级电视台的扶贫和公益广告等各种机会，以及微博、论坛等各种互联

枣深加工产品（梁勇/提供）

网平台推广佳县红枣品牌，提高佳县红枣的知名度。

（3）完善红枣生产和收购链条　一是培养和发展红枣保护栽培示范户；二是建立农村生产合作社；三是理顺和完善龙头企业+合作社+农户的模式，逐步向市场牵龙头、龙头带基地、基地连枣农的格局迈进，将农民生产的农产品转为可为市场消费的品牌商品；相关部门应针对已有的农村生产合作社给予经济、组建及管理上的监督和扶持，以推动、完善全县整体农业生产合作社的建设工作。合作社应以其成员为主要服务对象，提供农业生产资料的购买，农产品的销售、加工、运输、贮藏以及与农业生产经营有关的技术、信息等服务，依照《中华人民共和国农民专业合作社法》管理和规范合作社的运行。政府通过财政支持、税收优惠和金融、科技、人才方面的扶持以及产业政策引导等措施，促进农民专业合作社的发展。大力推进示范社和联合社的建设。

（4）拓展生态产业链条　将佳县红枣作为一个统一的地理标识产品以一个统一的地理品牌进行推广，分层次开发不同种类红枣产品，推广5~8个生态产品的名优品牌。开发千年古枣树的高端礼品、百年古枣园的礼品套装（红枣、家禽、杂粮）、生态标志产品（红枣、家禽、杂粮）、红枣深加工产品等；挖掘其他类型的生态农产品，包括杂粮、水果、畜禽、野生植物及深加工产品。按照不同的生态农产品（无公害产品、绿色食品、有机农产品）的要求进行生产，并做好相关认证。鼓励和扶持杂粮类休闲食品等深加工企业的发展，由龙头企业带动逐渐发展，提高农副产品附加值，打造成熟的产业链。

高端礼品（梁勇/提供）

杂　粮（梁勇/提供）

❺ 可持续旅游发展

　　佳县拥有集中分布的高品质旅游资源，特别是人文遗址数量多，农耕文明历史悠久。资源的区域组合性强，以农业文化遗产为主题的旅游资源与生态环境相契合，开发空间较大。原始的民间文化经过数千年的沉淀，逐步形成了一套完整的农业生产生活和民间文化知识体系，以及歌谣、节令、习俗、耕技等具有地方特色的农业文化。由此可见，本区域自然资源与人文资源相得益彰，实体型旅游资源与认知型旅游资源交相辉映，组合开发价值较高。具体的方案如下：

红枣旅游（武忠伟/提供）

　　（1）可持续旅游的开发模式，是对农业文化遗产动态保护与可持续利用的统一。应在有序开发的基础上，以地方民族风情为特色，以遗产旅游品牌为核心，整合资源，将佳县打造为著名的农业文化遗产旅游地。应打造沿黄河红枣农业文化遗产精品旅游线路，开发3~5个可供参与的旅游观赏和体验点，扶持5~10户农家乐的起步和发展；将佳县古枣园系统农业文化遗产旅游融入现有旅游规划和旅游线路。

（2）聘用组建专业的旅游规划团队，打造沿黄河红枣农业文化遗产精品旅游线路，以北端泥河沟村红枣农业文化遗产保护区、中端县城—白云山红枣文化博物馆、南端木头峪枣树村为主，开发3~5个可供参与的旅游观赏和体验点；农业景观与农业文化体验类项目应恰当融合到不同的旅游主题中去，形成具有当地特色的观光旅游和文化体验游线路；在不同季节确定观光、采摘、节庆参与和温泉休闲等不同旅游主题。

（3）建立1处黄土高原农业文化特色手工业加工厂，发展当地特色手工业，配合旅游产业的推进和深化，把具有当地特色的产品变成一个品牌；在泥河沟村红枣农业文化遗产保护区和木头峪枣树村扶持和开发5~10户农家乐。可利用广阔的枣林开展农家乐、红枣采摘活动。

（4）进行旅游基础设施建设工程。在旅游规划的指导下，建设接待设施、道路、景点设施、农业文化遗产标识、指示牌、停车场等硬件设施。

附录

旅游资讯

佳县山城古有"铁葭州"之称，今有国宝之誉，其独特风貌逾千年历史长河而古韵依然，在国内山城中颇具特色。

按照《旅游资源分类、调查分析》的国家标准划分，佳县县境内旅游资源共有52处，分8个主类、19个亚类、62个基本类型，结构完整、种类丰富。佳县旅游资源可分为古城、红色（革命）、宗教、黄土风情、黄河风情、综合生态等6大类特色旅游资源。

佳县旅游特色分类表

特色旅游资源类型	旅游资源
古城旅游资源	佳州古城及城墙、古佳州八景、石摞摞山遗址、佳临黄河大桥
红色旅游资源	神泉堡毛泽东旧居及革命纪念馆、梁家岔毛泽东党中央驻地旧址、陕北特委第四次会议旧址
宗教旅游资源	白云山、白云观、香炉寺、云岩寺、佛堂寺
黄土风情旅游资源	剪纸、黄土地貌、陕北民歌、佳县特色餐饮、党家山村、方塌黄土柱、秧歌
黄河风情旅游资源	黄河秦晋峡谷佳县段、木头峪村、峪口村造纸工艺
绿色生态旅游资源	黄河百里造林带、泥河沟千年"枣树王"、上高寨森林公园等

（一）相关景点

❶ 泥河沟千年枣树群

位于佳县朱家坬镇泥河沟村，树龄最老的达1 400多年，被《中国红枣志》誉为"枣树王""活化石"。该枣树群总面积36亩，是迄今为止世界上发现的唯一一处栽培历史最长、面积最大、品质最好的原始枣林。生有各龄枣树1 100余株，这些古树虽饱经风霜，仍枝繁叶茂、果实丰盈。

泥河沟村的千年枣树群是全国乃至全世界最古老的枣树林，也是中国在历史上最早种植枣树的鲜活证据。因此，泥河沟村也被誉为"天下红枣第一村"。泥河沟古村落三面环山，两岸是悬崖峭壁，中间则平野铺展，周围的石山像一个聚集能量的宝盆。这里早春升温快，枣树发芽相对早一些，延长了枣的生长期。到了秋季枣果成熟的时候，这里温差又大，极其有利于糖分和风味物质的转化，使得泥河沟的油枣也成为我国十大名枣之一。

泥河沟千年枣树群（刘某承/提供）

泥河沟千年枣园如一座天然的艺术殿堂，一棵棵枣树枝干粗实硕大、枝条繁盛，或舒展或盘曲，姿态各异，神韵毕现，皆由大自然的妙手雕成，鬼斧神工，引人惊叹。

❷ 赤牛圪村民俗博览馆

位于坑镇赤牛圪村，于2010年建成。设有民俗文化、农耕文化、灯具、红枣系列等4个博览馆，陈列具有地方特色的农耕用具、生活用品等实物4 000多件，是陕西省首个民俗博览馆。该村四面环山、枣林层叠、气韵生动，村院布局错落有致、古朴厚重、谐和恬静，村民秉性古道热肠、勤劳朴实、敦厚有礼。全村共260余户1 000多人，总面积4.5平方千米，人均枣林面积2.5亩。"夜不闭户，路不拾遗"在这里不是传说，"世外桃源""洞天福地"是赤牛圪村的真实写照。佳县赤牛圪村民俗博览馆是陕北农耕历史文化的一块活化石，也是从黄土高坡走过的一个民族记忆的背影，是文化的根脉。

赤牛圪村民俗博览馆（佳县旅游局/提供）

　　赤牛坬民俗博览馆展区总面积800多平方米。展品大多来自赤牛坬的村民们自愿捐献，主要包括农耕生产工具、日常生活用品、五谷杂粮和红枣样品等10大类型，共计6 000余件，涉及人们日常生活的各个方面。

❸ 木头峪古民居

　　位于县城南14.5千米处的黄河西岸，建筑整体井然有序、特色鲜明，是典型的陕北古民居。院落多座北朝南，明柱抱厦，有东西厢房、砖瓦大门、影壁，是著名的采风和摄影基地。至今保留40余处砖瓦抱厦四合大院，其中明清古民居27处。

木头峪古民居（佳县旅游局/提供）

铁葭州古城（佳县旅游局/提供）

4 葭州古城

建于宋代，坐落在晋陕峡谷西岸、黄河与佳芦河交汇之处，雄踞海拔882米的石山之巅，三面环水，四周凌空，地理位置险要，结构坚固，易守难攻，素有"铁葭州"之称。古城内，宋明两代石筑城墙及古今窑洞、青石街道依山而建，有香炉寺、云岩寺、凌云塔和毛泽东旧居等人文自然景观。古城海拔制高点908.9米，相对高度180米；东有黄河，西为葭芦河，二水环绕。四周断崖绝壁，岩石裸露，仅北面一窄峁通向七里庙山。

葭州古城虽已经毁坏，但主体尚存，现存城墙3 500余米和东门、后水门、前炭门、后炭门、香炉寺门。登临古城，清风抚沐，近可逛古朴街巷、览名刹风光、观黄河玉带，远可闻白云晨钟、睹高原象驰、赏日出扶桑，尽情徜徉在"黄河远上白云间，一片孤城万仞山"的奇景之中。2006年陕西省人民政府公布葭州古城为省级历史文化名城。

山城远眺（佳县旅游局/提供）

❺ 白云山道观

始建于宋元，从明万历三十三年（公元1605年）开始扩建，西倚群山，东濒黄河，气势宏大，景色壮观。这里山水相映，白云缭绕，松柏参天，庙宇林立。白云观道教文化博大精深，在建筑、绘画、雕塑、音乐等方面的艺术成就久负盛名。2007年，白云山道教音乐被国务院公布为国家级非物质文化遗产，白云山庙会被省政府公布为省级非物质文化遗产。白云山景区是国家AAAA级景区，也是西北地区最大的宗教旅游胜地。

白云山道观是一处存留完整的古建筑群，包括庙堂、牌坊、亭台、通道、桥梁等，古建面积达8.1万平方米。建筑大都为木结构，并充分利用榫卯结合之木构架，种类多达20余种。建筑屋顶分别覆以高贵琉璃瓦或布瓦。屋脊兽头也形式繁多、造型优美，是很有价值的工艺珍品。木牌坊在白云山古建中享有特殊身份，它兀然独立，飞檐出挑，翼角翘起，搏风击雨数百年不倾不圮。白云山出类拔萃的建筑，和谐地体现了明清营造法式，又融入了鲜明的地方风格，使之更臻完美，显示了历代建造师的精湛工艺水平。白云山的雕塑艺术渗透在整个建筑群的各个角落，数量之多，名目之繁，令人目不暇接。

白云山道观（佳县旅游局/提供）

白云山天阶与山门（佳县旅游局/提供）

⑥ 香炉寺

创建于明万历十一年（1583）。位于县城外东北侧石峰之上，东临黄河，三面空绝，仅西北一狭径与城相通。寺东南有直径5米、高20余米的巨石兀立，形似高足香炉，顶端建有观音楼，故名香炉寺。巨石与庙院旧时架设有3米长、1米宽的木桥相通，称为断桥，人行其上，惊险异常，俯瞰黄河，激流澎湃，烟波浩渺，蔚为壮观，尤其是香炉晚照之景，酷似传说中的蓬莱仙境，故又有"黄河小蓬莱""黄河第一奇景"之美誉。

香炉寺的正殿是圣母祠，左右有配殿，南边有山门、石碑坊等。站在香炉寺中，可以俯瞰黄河，其势壮观雄浑，尤其是每到黄昏时分，夕阳下的寺院建筑倒映在黄河水中，景色绮丽迷人。

香炉寺（佳县旅游局/提供）

❼ 云岩寺石窟

建于北宋宣和四年（1122），寺内外山岩经数千年风化，宛如云卷云舒，故此得名。云岩寺位于县城南青沙岭下，依山而建，内外怪石嶙峋，山势嵯峨，寺前是黄河与佳芦河汇集处，山光水色，相映成趣，令人叫绝。寺内有石窟8孔，内外存留石刻造像48尊，有释迦牟尼、文殊、普贤、罗汉、地藏、观音等。寺前有1座仿古砖木结构亭，居黄河、葭芦河汇合之处，山光水色相映成趣，凭栏远眺，景色宜人，旧称"南方景"。

云岩寺集中反映了石窟寺作为宗教艺术的属性，为人们研究宗教发展、欣赏古代石雕艺术提供了弥足珍贵的实物资料。其窟室、庙堂内泥金妆彩的造像，充分表现了佛像造型从唐代的丰满圆润至宋代的清秀属实的过渡特征。刀法之细

云岩寺（佳县旅游局/提供）

腻，比例之适度，形态之多变，充分展现了古代劳动人民精湛的技艺和独具的匠心，令人赏心悦目、叹为观止。

⑧ 神泉堡革命纪念馆

位于佳芦镇神泉堡村。1947年毛泽东率党中央机关转战陕北，在此居住了57天，其间起草、发表了《中国人民解放军宣言》《中国人民解放军总部关于重行颁布三大纪律、八项注意的训令》。1999年这里建成"神泉堡革命纪念馆"，真实再现了毛主席率党中央转战陕北的历史足迹。

神泉堡革命纪念馆（佳县旅游局/提供）

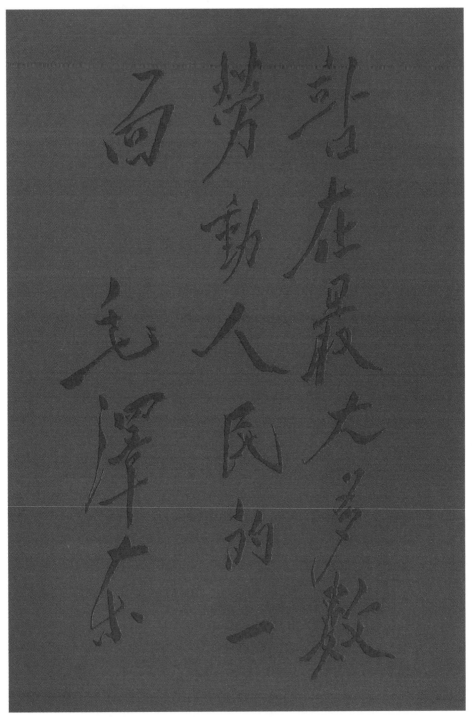

1947年毛泽东主席给佳县县委的题词（佳县旅游局/提供）

⑨ 东方红的故乡

佳县是东方红的故乡。李有源（1903~1955），农民歌手。1942年冬，他采用陕北民歌"骑白马"曲调，唱出"东方红，太阳升，中国出了个毛泽东，他为人民谋幸福，他是人民大救星"。《东方红》表达了全国人民对伟大领袖毛泽东和中国共产党无比热爱的感情，也是人类送上太空的第一首歌曲。

东方红的故乡（佳县旅游局/提供）

（二）音乐舞蹈

❶ 民歌

佳县境内民歌题材广泛，内容丰富，语言质朴，曲调优美，有着粗犷豪迈、热情淳朴、亲切感人的特点，是陕北民歌的重要组成部分。境内民歌主要有小调、秧歌、水船曲、信天游、劳动歌曲、酒曲、民俗歌等。

（1）小调　在民歌中流传最广。境内民歌中小调约占三分之二，其歌名、词曲是固定的，以叙事为主，通常有对场景和人物情节的述唱。

（2）秧曲、水船曲　是闹秧歌和表演搬水船时唱的民歌。秧歌歌词一般四句为一段，由秧歌队领头人或其他演员即兴编唱，末句众人齐唱相和。水船调则有独唱与对唱之分，独唱时由扮艄公者演唱，对唱是由艄公与坐船姑娘对唱，歌词亦庄亦谐、别有情趣。

（3）信天游　是人们融景抒情、即兴编唱的山歌。一般无固定歌名，歌词短小，曲调高亢悠长，多采用比兴手法。

（4）劳动歌曲　是劳动者在劳动中唱和的民歌，境内主要有夯歌和船工号子。这两种歌曲均歌词简单、节奏明快、一领众和、多次反复，有凝聚群力、统一步调、鼓舞干劲的作用。

（5）酒曲　酒席宴上宾主间相互劝酒时，常唱酒曲，不能唱和者要认罚饮酒。

（6）民俗歌　内容丰富，形式多样，有祈雨歌、跳神歌、上头歌、送儿女歌等。

❷ 唢呐

唢呐在佳县传延数百年，逐渐形成三个流派：一是县城王家唢呐班，属正宗的佳县长杆唢呐派。其特点是吹奏严谨、鼓点密集、曲调简洁无华、音响雄壮朴实。二是坑镇高仲家圪唢呐吹奏艺人。该派使用的唢呐吹管短、碗子小，吹奏时指法灵巧，发音清晰悦耳、委婉如歌，宜在厅堂院落演奏。三是乌镇核桃树塌村和柴家岔村的唢呐吹奏艺人。其吹奏善用吐音、滑音、颤音、花舌和加花等技巧，乐曲华丽优美、活泼明快。

❸ 舞蹈

据佳县文化馆音乐舞蹈组1983年普查，境内有民间舞蹈20多种，主要有秧歌、腰鼓、搬水船、踢场子、耍狮子、舞龙灯、骑竹马、骑毛驴、推小车、踩高跷等。

❹ 曲艺

境内流传的民间曲艺形式主要有说书、练子嘴两种。说书是民间盲艺人用方言配乐表演的一种说唱方式，境内说书艺人一般用的乐器有三弦、甩板、蚂蚱蚱、醒木等。练子嘴是陕北快板之俗称。过去在搬水船中演说，诙谐幽默，能增加喜庆气氛。

（三）工艺美术

佳县境内的工艺美术主要有剪纸、刺绣、玉米皮编织、枣编、面捏等。

❶ 剪纸

佳县逢年过节、婚嫁吉日，都要在窗户和居室内贴五颜六色、多姿多彩的剪纸图案，人物房舍、飞禽走兽、田园山水、草木花卉，应有尽有。为了把佳县剪纸艺术发扬光大，20世纪90年代中期以来，县妇联多次举办剪纸艺术培训班，并把剪纸作品推向市场，开创了佳县剪纸艺术的新局面，也培养了一批剪纸艺术新秀。

❷ 雕刻

主要分石雕、砖雕、木雕，多用于家宅、寺庙、坟茔等建筑物的装饰点缀。

③ 刺绣

妇女们在帽檐、衣边、袖口、布裙、鞋面、枕套、门帘、荷包上绣花纹、几何图案或虎头、鹿、松、花卉等。

④ 玉米皮编织

产品有大、小幅地毯，座椅垫，器物垫，花盆套等。

⑤ 枣编

以红枣为主要原料，充分发挥想象力，编制枣人人、枣串串、枣篮篮、枣拍拍、枣筐筐、枣塔塔、枣洞洞等工艺品。

⑥ 面捏

清明节捏"燕儿"，有虎、猴、羊、鸟雀、刺猬、蛇盘兔、子母燕儿等各种形象，手法细腻，做工考究，蒸熟后用红、绿色点缀，小巧玲珑。

（四）标签饮食

① 手工挂面

是佳县的传统面食食品。相传在清代就开始制作，距今已有400多年的历史。佳县手工挂面制作工艺精细，技术含量高，气候适应性敏感，系以优质小麦面粉经18道祖传手工工艺精制而成。具有易

佳县手工挂面（佳县旅游局/提供）

煮易熟、回锅如新、口感爽口、劲道味美、绿色健康、食用方便之特点，深受消费者青睐。

❷ 炖羊肉

《太平御览》曰："肉有汁曰羹。"苏轼曾云："秦烹惟羊羹。"尤其是炖羊肉，块状，5厘米长短，连骨带肉，肉块肥厚，是欲饱享羊肉者的最佳饮食。有一句称赞美食的当地谚语："猪的骨头羊的髓。"羊骨髓即骨腔的精髓，骨腔炖入锅内，羊髓进入汤中，原汁原味，香美无比。

境内传统地方风味小吃还有马蹄酥、酥饺、碱饼等，制作工艺讲究，口感上乘。马蹄酥因其形如马蹄而得名，松软酥绵、香甜可口，是招待贵宾、探亲访友、过节馈赠之上品，驰名晋、宁、蒙、甘诸地，外来游客多慕名品尝。

马蹄酥（佳县旅游局/提供）

酥　饺（佳县旅游局/提供）

碱　饼（佳县旅游局/提供）

（五）地方特产

❶ 佳县油枣

　　是从"中阳木枣"中选育出来的优良晚熟新品种。2001年通过陕西省林木良种审定委员会审定。果实中大，呈长圆形或圆柱形，果面平，果皮中厚、黑红色，外形美观。果肉厚，绿白色，质地硬，汁液少，味甜、略具酸味，适宜制干，拥有国家颁发的有机产品认证书。

油　枣（武忠伟/提供）

❷ 手工粉条

　　佳县有"漏粉"（做手工粉）的传统，因为土质好，洋芋单位面积产出量高，佳县生产的手工粉条色纯味正、韧而不粘、入口爽滑、口感劲道，因而小有名气。

❸ 剪纸

　　佳县剪纸题材丰富，工艺精巧，人物房舍、飞禽走兽、田园山水、草木花卉，应有尽有，是富有特色的艺术珍品。境内外最有影响的是农家出身的郭佩珍，被称为"中华巧女""剪纸艺术大师"，其作品曾作为国礼赠送给来

佳县剪纸（佳县旅游局/提供）

访的前美国总统克林顿的夫人。作品《清明祭》等被中央美术学院收藏。

（六）推荐旅游路线

　　可选择飞机、火车、汽车等交通工具前往。距县城79千米的榆林市的榆阳机

场（所在城市无直飞榆阳机场航班的可经西安转机）和榆林火车站有与诸多城市的直飞航班和四通八达的铁路网。如非自驾，则可先至榆林，然后转乘客车，经榆佳高速公路，约一小时可达佳县。

附录2　大事记

- 新石器时代（7000多年前），当地先民已经开始采摘、食用枣果。

- 商朝（约公元前17世纪—公元前11世纪），当地先民开始人工栽培枣树。

- 西周（公元前11世纪—公元前771年），与李、杏、桃、栗一起，枣已成为重要的果品和常用中药；公元前10世纪，最早记载枣树栽培的史书《诗经》完成，其中有"八月剥枣，十月获稻"句。

- 春秋战国时期（公元前770年—公元前221年），枣树的栽培规模有了很大发展，枣已成为重要的粮食作物，且枣树种植已成为很大的产业和国家赋税的重要来源。

- 南北朝时期（公元420年—公元587年），传统的枣树栽培技术体系已经建立。

- 魏太和九年（公元485年），下诏："初受田者，男夫一人给田二十亩，课莳余，种桑五十树，枣五株，榆三根。非桑之土，夫给一亩，依法课莳榆、枣。奴各依良。限三年种毕，不毕，夺其不毕之地。于桑榆地分杂莳余果及多种桑榆者不禁。"

- 隋朝（公元581年—公元618年），佳县朱家坬乡泥河沟村古枣园开始形成。

- 康熙四十五年（1706年），佳县千年油枣被确定为宫廷贡品。

- 清雍正元年（1723年），《北京同仁堂志》记载"用葭州（今佳县）大红枣，入药医百病"。

- 清光绪三十一年（1905年），有史料记载"惟沿河一带土壤肥沃，最宜枣

梨，居民种植，因以为利。"

● 1942年，佳县农民歌手李有源（1903—1955）采用陕北民歌"骑白马"曲调，唱出"东方红，太阳升，中国出了个毛泽东，他为人民谋幸福，他是人民的大救星"。

● 1947年，毛泽东率党中央机关转战陕北，在佳县居住了57天，起草、发表了《中国人民解放军宣言》《中国人民解放军总部关于重行颁布三大纪律、八项注意的训令》；为佳县县委题词"站在最大多数劳动人民的一面"。

● 1966年，佳县红卫兵代表80多人，打着绣有"站在最大多数劳动人民的一面"的红旗，带着红枣、小米等佳县特产，进京给毛泽东、周恩来敬送，恰遇毛泽东第七次接见红卫兵，受到优待，被安排在天安门广场前排。

● 1980年，佳县黄河沿岸8个公社所属的生产队组织群众大量栽枣树，营造红枣林。

● 1985年，中共榆林地委农工部就佳县枣树权属问题以电话记录批复中共佳县县委，螅镇、康家港、峪口、刘国具乡和佳芦镇的83个村将收归集体的枣树全部退还原主。

● 1986年，中共佳县县委召开常委扩大会议，学习榆林地委、行署《关于完善枣树承包经营的通知》精神，研究、部署了本县枣树承包经营工作。

● 1990年，中共佳县县委、县政府决定，用5年时间集中改造黄河沿岸3万亩荒坡石砬，营造以红枣为主的经济林。

● 1994年，《佳县53万亩红枣基地建设可行性研究报告》通过陕西省科学技术委员会组织的专家论证；中共佳县县委、县政府举办"94佳县红枣文化节"。

● 1995年，由陕西省科委、陕北建委牵头编纂的《佳县红枣商品基地建设研究及规划》出版，成为佳县建设红枣基地的理论依据。

中共佳县县委、县政府决定，用6年时间建成53万亩优质红枣生产基地。

● 1996年，在陕西省核桃、红枣等名特新优品品评会上，佳县选送的红枣样品获2金2银共4项大奖。

● 1998年，加拿大项目基金会官员路红军来佳县考察，并资助6.3万元用于妇女管理枣树技术培训。

佳县被国家林业局授予"中国红枣之乡"称号。

召开联县联乡包村"扶贫"现场会，建设标准矮化密植丰产红枣示范园377亩，举办科技扶贫培训班12期，培训2 000多人次。

● 1999年，佳县县委、县政府制订了新的《佳县红枣产业发展规划》。规划中的红枣种植面积由53万亩增至60万亩，人均红枣面积达2.6亩，全县红枣总产值达到1.2亿元。

佳县县委、县政府制订《发展红枣产业的若干规定》，鼓励农民、干部、职工种植枣树，鼓励机关、企事业单位干部职工参与红枣产业发展项目。

● 2000年，白云红枣酿酒有限公司生产的"白云圣酒""红枣果酒"获第四届国际酒文化品评会金奖。

● 2001年，佳县被国家林业局授予"中国红枣名乡"称号。

县政府决定：佳县出境红枣一律使用标准化包装，统一使用"养真牌"商标。

● 2003年，东方红枣业有限公司生产的红枣产品获得了国家绿色食品认证。

● 2005年，佳县10个乡镇的12个村通过北京华夏五岳国内有机食品认证。

● 2006年，佳县被国家标准化管理委员会授予"红枣生产国家农业标准化示范区"称号。

佳县红枣通过日本农林水产省JAS认证。

中共佳县县委、县政府为泥河沟千年枣树群立"枣源"石碑。

● 2008年，中国·佳县白云山论道暨有机红枣节开幕仪式在白云山天一广场举行。

● 2009年，"佳县油枣"被国家农业部认定为"农产品地理标志"。

佳县被中国百县（市）优特经济专题调查办公室授予"中国百县（市）优势特色有机红枣种植基地"称号。

● 2010年，佳县县委、县政府按照举全县之力建设"中国有机红枣名县、陕西红枣大县、百万亩红枣基地"的战略目标，制订《关于加快红枣产业化发展的实施意见》。

● 2013年，"陕西佳县古枣园系统"入选我国第一批"中国重要农业文化遗产（China-NIAHS）"。

● 2014年，"陕西佳县古枣园系统"入选"全球重要农业文化遗产（GIAHS）"。

附录3 全球／中国重要农业文化遗产名录

❶ 全球重要农业文化遗产

2002年，联合国粮农组织（FAO）发起了全球重要农业文化遗产（Globally Important Agricultural Heritage Systems, GIAHS）保护项目，旨在建立全球重要农业文化遗产及其有关的景观、生物多样性、知识和文化保护体系，并在世界范围内得到认可与保护，使之成为可持续管理的基础。

按照FAO的定义，GIAHS是"农村与其所处环境长期协同进化和动态适应下所形成的独特的土地利用系统和农业景观，这些系统与景观具有丰富的生物多样性，而且可以满足当地社会经济与文化发展的需要，有利于促进区域可持续发展。"

截至2014年年底，全球共13个国家的31项传统农业系统被列入GIAHS名录，其中11项在中国。

全球重要农业文化遗产（31项）

序号	区域	国家	系统名称	FAO批准年份
1	亚洲	中国	浙江青田稻鱼共生系统 Qingtian Rice-Fish Culture System	2005
2			云南红河哈尼稻作梯田系统 Honghe Hani Rice Terraces System	2010
3			江西万年稻作文化系统 Wannian Traditional Rice Culture System	2010

续表

序号	区域	国家	系统名称	FAO批准年份
4	亚洲	中国	贵州从江侗乡稻—鱼—鸭系统 Congjiang Dong's Rice–Fish–Duck System	2011
5			云南普洱古茶园与茶文化系统 Pu'er Traditional Tea Agrosystem	2012
6			内蒙古敖汉旱作农业系统 Aohan Dryland Farming System	2012
7			河北宣化城市传统葡萄园 Urban Agricultural Heritage of Xuanhua Grape Gardens	2013
8			浙江绍兴会稽山古香榧群 Shaoxing Kuaijishan Ancient Chinese Torreya	2013
9			陕西佳县古枣园 Jiaxian Traditional Chinese Date Gardens	2014
10			福建福州茉莉花与茶文化系统 Fuzhou Jasmine and Tea Culture System	2014
11			江苏兴化垛田传统农业系统 Xinghua Duotian Agrosystem	2014
12		菲律宾	伊富高稻作梯田系统 Ifugao Rice Terraces	2005
13		印度	藏红花文化系统 Saffron Heritage of Kashmir	2011
14			科拉普特传统农业系统 Traditional Agriculture Systems, Koraput	2012
15			喀拉拉邦库塔纳德海平面下农耕文化系统 Kuttanad Below Sea Level Farming System	2013
16		日本	能登半岛山地与沿海乡村景观 Noto's Satoyama and Satoumi	2011
17			佐渡岛稻田—朱鹮共生系统 Sado's Satoyama in Harmony with Japanese Crested Ibis	2011

续表

序号	区域	国家	系统名称	FAO批准年份
18	亚洲	日本	静冈县传统茶—草复合系统 Traditional Tea-Grass Integrated System in Shizuoka	2013
19			大分县国东半岛林—农—渔复合系统 Kunisaki Peninsula Usa Integrated Forestry, Agriculture and Fisheries System	2013
20			熊本县阿苏可持续草地农业系统 Managing Aso Grasslands for Sustainable Agriculture	2013
21		韩国	济州岛石墙农业系统 Jeju Batdam Agricultural System	2014
22			青山岛板石梯田农作系统 Traditional Gudeuljang Irrigated Rice Terraces in Cheongsando	2014
23		伊朗	坎儿井灌溉系统 Qanat Irrigated Agricultural Heritage Systems of Kashan, Isfahan Province	2014
24	非洲	阿尔及利亚	埃尔韦德绿洲农业系统 Ghout System	2005
25		突尼斯	加法萨绿洲农业系统 Gafsa Oases	2005
26		肯尼亚	马赛草原游牧系统 Oldonyonokie/Olkeri Maasai Pastoralist Heritage Site	2008
27		坦桑尼亚	马赛游牧系统 Engaresero Maasai Pastoralist Heritage Area	2008
28			基哈巴农林复合系统 Shimbwe Juu Kihamba Agro-forestry Heritage Site	2008
29		摩洛哥	阿特拉斯山脉绿洲农业系统 Oases System in Atlas Mountains	2011
30	南美洲	秘鲁	安第斯高原农业系统 Andean Agriculture	2005
31		智利	智鲁岛屿农业系统 Chiloé Agriculture	2005

❷ 中国重要农业文化遗产

我国有着悠久灿烂的农耕文化历史，加上不同地区自然与人文的巨大差异，创造了种类繁多、特色明显、经济与生态价值高度统一的重要农业文化遗产。这些都是我国劳动人民凭借独特而多样的自然条件和他们的勤劳与智慧，创造出的农业文化的典范，蕴含着天人合一的哲学思想，具有较高的历史文化价值。农业部于2012年开始中国重要农业文化遗产发掘工作，旨在加强我国重要农业文化遗产的挖掘、保护、传承和利用，从而使中国成为世界上第一个开展国家级农业文化遗产评选与保护的国家。

中国重要农业文化遗产是指"人类与其所处环境长期协同发展中，创造并传承至今的独特的农业生产系统，这些系统具有丰富的农业生物多样性、传统知识与技术体系和独特的生态与文化景观等，对我国农业文化传承、农业可持续发展和农业功能拓展具有重要的科学价值和实践意义。"

截至2014年年底，全国共有39个传统农业系统被认定为中国重要农业文化遗产。

中国重要农业文化遗产（39项）

序号	省份	系统名称	农业部批准年份
1	天津	滨海崔庄古冬枣园	2014
2	河北	宣化传统葡萄园	2013
3		宽城传统板栗栽培系统	2014
4		涉县旱作梯田系统	2014
5	内蒙古	敖汉旱作农业系统	2013
6		阿鲁科尔沁草原游牧系统	2014
7	辽宁	鞍山南果梨栽培系统	2013
8		宽甸柱参传统栽培体系	2013
9	江苏	兴化垛田传统农业系统	2013
10	浙江	青田稻鱼共生系统	2013

续表

序号	省份	系统名称	农业部批准年份
11	浙江	绍兴会稽山古香榧群	2013
12		杭州西湖龙井茶文化系统	2014
13		湖州桑基鱼塘系统	2014
14		庆元香菇文化系统	2014
15	福建	福州茉莉花种植与茶文化系统	2013
16		尤溪联合体梯田	2013
17		安溪铁观音茶文化系统	2014
18	江西	万年稻作文化系统	2013
19		崇义客家梯田系统	2014
20	山东	夏津黄河故道古桑树群	2014
21	湖北	羊楼洞砖茶文化系统	2014
22	湖南	新化紫鹊界梯田	2013
23		新晃侗藏红米种植系统	2014
24	广东	潮安凤凰单丛茶文化系统	2014
25	广西	龙脊梯田农业系统	2014
26	四川	江油辛夷花传统栽培体系	2014
27	云南	红河哈尼梯田系统	2013
28		普洱古茶园与茶文化系统	2013
29		漾濞核桃—作物复合系统	2013
30		广南八宝稻作生态系统	2014
31		剑川稻麦复种系统	2014
32	贵州	从江稻鱼鸭系统	2013

续表

序号	省份	系统名称	农业部批准年份
33	陕西	佳县古枣园	2013
34		皋兰什川古梨园	2013
35	甘肃	迭部扎尕那农林牧复合系统	2013
36		岷县当归种植系统	2014
37	宁夏	灵武长枣种植系统	2014
38		吐鲁番坎儿井农业系统	2013
39	新疆	哈密市哈密瓜栽培与贡瓜文化系统	2014